Compass
Programming

Colaboratoryで
コ
やさしく学ぶ
ジャバスクリプト
JavaScript入門

掌田津耶乃 ［著］

マイナビ

誌面のコードについて

本書では、基本的には1つ前に実行したセルを書き換えて使う流れになっています。
書き換える際には、新しいセルを作って、前のセルの内容をコピーして書き換えるようにして下さい。前のセルを上書きしてしまうと、どこを書き換えたか分からなくなり、うまく動かない時の原因が見つけにくくなってしまいます。
なお、2つ以上前のセルをコピーして使う場合もありますが、その場合は本文に記載があります。何も記載がない場合は、1つ前のセルを使ってください。

本書では、コードを以下のような形式で掲載しています。
「リストX-X-X」と左上に付いている場合は、実際に入力して実行しながら進めてください。また、行の右端に
→ が入る場合は、誌面上では改行されていますが、実際には「改行せずに」入力をしてください。改行してしまうと、うまく動かない場合があります。

```
リスト4-2-1

01  %%html
02  <link rel="stylesheet" href="https://jsuites.net/v4/jsuites.css" →
03  type="text/css">

04  const target = document.getElementById('spreadsheet');
```

本書のサポートサイト

本書のサンプルプログラム、補足情報、訂正情報などを掲載してあります。適宜ご参照ください。

https://book.mynavi.jp/supportsite/detail/9784839978327.html

Colaboratoryで気軽にプログラミング！

　「プログラミングを学ぼう」というとき、いちばん大変な部分はどこでしょう。それはプログラミングの学習そのものではなくて、実はその「前」と「後」にあるのではないでしょうか。

　プログラミングを始める前。そもそも、プログラミングってどう始めるんでしょう？　何が必要？　どうやってどこに書くの？　それをどうやって実際に使えばいいの？　こうしたことを調べ理解していく段階で、大抵の人は挫折してしまうんじゃないでしょうか。

　そして、プログラミングを行うようになった後。その身につけた知識、どう使えばいいんでしょう？　プログラミングを本職にするつもりで転職する人は別ですが、ごく普通の人にとって、「苦労して覚えたプログラミングの知識と技術」は、一体、何に使えばいいんでしょう？

　複雑で難解な準備。身につけた技術の活用法。これらの問題が引っかかって、なかなかプログラミングを始められない、という人は多いんじゃないでしょうか。そこで、「プログラミングの学習以外の問題」を極力なくすことを考えて作ったのがこの本です。

　本書では「JavaScript（ジャバスクリプト）」という言語について学びます。JavaScriptは、Webの世界における標準言語といってもいいものです。Webサイトからサーバー開発まで、JavaScriptは広く使われています。

　そして、このJavaScriptを学ぶために、皆さんがやらなければならない作業は「Webブラウザを開いてサイトにアクセスする」だけです。

　本書では、Googleが提供する「Colaboratory」というツールを使います。これはWebベースで提供されており、アクセスしてコードを書けばその場でプログラミング言語が使えます。基本はPythonという言語が使えますが、JavaScriptもちょっと追記するだけで使えるようになります。

　そして、このColaboratoryでは、CDNというサービスを利用することで、膨大なJavaScriptのライブラリを利用できるようになります。更には、Markdownという簡易言語を使って本格的なレポートの作成も行えるのです。

　これらを使えば、データを視覚化したり、ドキュメントを作成したり、レポートを作ったりといった日常的な業務にJavaScriptをフル活用できます。あなたが覚えた知識がすぐに役に立つのです。

　今すぐ学習をスタートでき、覚えた知識をすぐに活用できる。これなら、ちょっと頑張ってみようかな、という気になるでしょう？　さあ、一緒に始めましょう、JavaScript。

2022.01　掌田津耶乃

Contents

Chapter 1 Colaboratory で JavaScript！ 001

01 JavaScriptってどういう言語? 002
02 JavaScriptとColaboratory 004
03 Colaboratoryを使おう 007
04 セルを動かそう 011
05 Markdownを使おう 014
06 Markdownの主な機能 016

Chapter 2 HTMLとJavaScriptの基礎を覚えよう 021

01 ColaboratoryのHTMLコード 022
02 JavaScriptコードを実行する 025
03 値と計算 026
04 変数と定数 028
05 ifによる条件分岐について 031
06 switchによる多数の分岐 034
07 whileによる繰り返し 036
08 forによる繰り返し 039
09 配列について 041
10 配列とfor-in/for-of構文 043

Chapter **3**	関数とオブジェクトをマスターしよう	045

01	関数の基本について	046
02	関数の戻り値について	049
03	関数を変数に入れて使う	051
04	アロー関数を使う	053
05	オブジェクトについて	056
06	Webページと「DOM」	060
07	エレメント（HTMLElement）について	062
08	UIコントロールを使おう	065
09	テキスト確定のイベント	068
10	オブジェクトとDOMは使いながら覚えよう	070

Chapter **4**	Jspreadsheetで Excelライクなテーブルを活用しよう	071

01	スプレッドシートとJspreadsheet	072
02	スプレッドシートを表示する	075
03	空のテーブルを作るには？	079
04	テーブルの内容を保存する	080
05	CSVデータを読み込む	082
06	様々なデータ入力	090
07	数式（フォーミュラ）について	094
08	セルを操作する	097
09	行・列のデータをまとめて扱う	100
10	フィルターについて	103
11	データの再現と出力を中心に	106

Chapter 5　Chart.jsでチャートを使おう　107

01	Chart.jsでチャートを表示する	108
02	Chart.jsの基本コード	110
03	チャートを表示しよう	113
04	複数のデータセットを表示する	116
05	チャートのカラーを設定しよう	118
06	チャートデータの更新	121
07	オプション設定によるタイトルと凡例	127
08	さまざまなチャート	132
09	折れ線グラフの表示	133
10	円グラフの表示	136
11	CSVファイルを利用する	141
12	データの更新で変化するチャートを作ろう	146

Chapter 6　Wordファイルを生成しよう　147

01	Wordファイルを作成しよう	148
02	Documentオブジェクトの作成	149
03	Sectionを追加する	152
04	サンプルファイルを作成してみる	154
05	見出しの設定	160
06	テキストのスタイルを設定する	163
07	イメージを扱うには？	166
08	イメージファイルをドキュメントに追加する	168
09	ヘッダーとフッター	172
10	様々な処理結果を書き出そう	176

Chapter 7　Docxtemplaterで差し込み出力をしよう　179

01	Wordとテンプレート出力	180
02	テンプレートファイルを作る	182
03	差し込み出力の流れ	183
04	テンプレートファイルを元に差し込み出力する	187
05	配列の繰り返し出力	191
06	条件による表示	195
07	関数を使った出力	200
08	Office Open XMLを使う	204

Chapter 8　leaflet + OpenStreetMapでマップ表示　209

01	OpenStreetMapでマップを表示しよう	210
02	leaflet利用の基本	212
03	マップを表示しよう	215
04	マーカーを設定する	218
05	マーカーに吹き出しをつける	220
06	クリックイベントを利用する	223
07	マップによるデータ表示	226

Chapter 9 Google GeoChartでマップチャート 227

01 Google Cloud APIを準備しよう 228
02 APIをONにする 230
03 認証情報を設定する 234
04 支払い設定をする 237
05 Google GeoChartの基本 240
06 マップチャートにデータを指定する 245
07 日本の都道府県を表示する 249
08 データ表示のカスタマイズ 251
09 CSVファイルからデータを読み込む 255
10 データの加工方法を学ぼう 260
11 プロジェクトの終了について 261

Chapter 10 Google Chartで業務用チャート 263

01 Google Chartの多彩なチャート 264
02 組織図を作る 267
03 クリックイベントと項目の折り畳み 269
04 タイムラインを作る 273
05 オプション設定で表示を調整 276
06 項目のグループ化 279
07 ガントチャートを作る 281
08 依存タスクを指定する 285
09 ガントチャートの設定 287
10 Google Chartの基本はすべて同じ! 290

INDEX 291

Chapter **1**

Colaboratoryで
JavaScript！

この章のポイント
・JavaScriptはどんな言語か理解しよう
・「コード」セルでJavaScriptを動かそう
・Markdownを使えるようになろう

01 JavaScriptってどういう言語？
02 JavaScriptとColaboratory
03 Colaboratoryを使おう
04 セルを動かそう
05 Markdownを使おう
06 Markdownの主な機能

01 JavaScriptってどういう言語?

　これから、「JavaScript（ジャバスクリプト）」というプログラミング言語について皆さんと一緒に学んでいきます。まず最初に、「JavaScriptというのはどんなものなのか？」から話を始めましょう。

　JavaScriptというのは、もともとは「Webブラウザの中で動くスクリプト言語」として誕生しました。「Webブラウザの中」というのは、WebブラウザでWebページを表示した時、そのページ内で動く、という意味です。

　Webページの中にスクリプト（JavaScriptで書いたプログラムのこと）を用意しておくと、Webページにあるボタンをクリックしたりフィールドに入力したりしたときに処理を実行したりすることができます。

　また最近ではWebページの表示そのものをJavaScriptで操作することも多くなってきました。最近ではWebサイトなのにアプリケーションと同じぐらい高度な機能を持つものが増えてきましたね。例えば、Googleマップなどのマップサイトや、Googleスプレッドシート、Excel on the webなどのビジネスサイトなどはほとんどパソコン用アプリと見分けがつかないくらいです。こうしたものも、その内部でJavaScriptのスクリプトが動いて処理を行っているのですね。

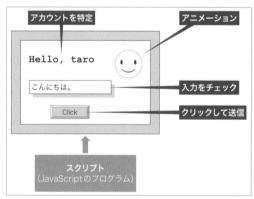

図1-1-1
Webページで動く様々な処理は、すべて
JavaScriptのスクリプトとして用意されて
いる

💡 Webブラウザの「外」へ！

　ところが、「Webブラウザで動く言語」だったJavaScriptに、劇的な変化が訪れます。それは「Node.js」というソフトウェアの登場です。

　これは、「JavaScriptエンジン」と呼ばれるものです。JavaScriptのソースコー

ド（プログラミング言語で書かれたプログラムリストのこと。単に「コード」と呼ぶこともあります）を読み込んでその場で実行するプログラムです。これがパソコンに入っていれば、普通のプログラミング言語と同じように、プログラムを書いて実行できるようになるのです。

このNode.jsにより、JavaScriptの活躍する舞台はWebブラウザの外へと広がりました。今では、Webサーバーの中で、サーバー側の処理を行ったり、パソコンやスマートフォンのアプリを作ったりするのにも使われるようになっています。

「同じ言語が使える」ということは非常に重要です。それまでは、複雑なWebアプリケーションの開発は、「サーバー側は〇〇という言語で作り、Webページ側はJavaScriptで作る」といったやり方をしていましたが、今では「全部JavaScriptで作る」ということができるようになったのですから。

Webブラウザの外に出たことで、JavaScriptはさまざまな分野で利用できるようになりました。それだけJavaScriptの需要が高まり、あらゆるところでJavaScriptが使われるようになっています。プログラムの作成はもちろん、最近ではビジネススィートのマクロなどまでJavaScriptベースで用意されるようになっていたりします。JavaScriptは、「何かの処理を作成するときの標準言語」になりつつある、といえるでしょう。

最初に学ぶのは「WebのJavaScript」

Webブラウザで動くJavaScriptと、アプリケーションの開発などが行えるJavaScript。どちらも同じJavaScriptです。では、ビギナーが初めてJavaScriptを学ぼうと思ったなら、どちらから学び始めればいいのでしょうか。

全くプログラミング経験がない人がJavaScriptを始めたいのであれば、「Webブラウザで動くJavaScript」から始めましょう。これがJavaScriptの基本です。アプリケーション開発は、WebブラウザでのJavaScriptを一通り使えるようになってから、改めて検討すればいいでしょう。

02 JavaScriptとColaboratory

　Webブラウザでの JavaScript を学ぶ場合、専用のソフトウェアなどを用意する
必要はありません。テキストエディタ（一般的なテキストファイルに保存できるな
ら何でもかまいません）さえあれば、JavaScriptを始めることができます。テキス
トエディタでHTMLやJavaScriptのコードを記述して保存し、Webブラウザで開
いて動かせばいいのです。

　ただ、ただのテキストエディタで書く場合、きちんとプログラムを書けるかどう
かは自分次第です。少しでも間違えれば動きませんし、動かない時、どこをどう間
違ったのか自分で調べないといけません。これは慣れないうちは相当なストレスに
なるでしょう。

　そこで、多くの人はJavaScriptに対応したツールを探して利用します。ただコー
ドを書くだけでなく、入力を支援してくれるさまざまな機能がついたツールを利用
して、効率的にコードを書き学べるような環境を整えたほうが、圧倒的に学習効率
は上がります。

そこで、Colaboratory！

　では、具体的にどんな開発ツールを用意しインストールすればいいのでしょうか。
これは、悩ましい問題です。使っているパソコンがWindowsかMacか、あるいは
Chromebookかで、まるで違ってきます。また「職場はWindowsで自宅はMac」
とか「学校でChromebook、家ではiPad」なんて人もいるかもしれません。更に
は、作成しているプログラムを自宅と職場でどう共有するか、なども考えておく必
要があるでしょう。

　「……なんだか考えるだけで頭が痛くなってきた」なんて人もいるかもしれません
ね。でも、心配はいりません。こうした面倒な部分が一切ない、「誰でもどこでもい
つでもセットアップ一切なしで利用できるプログラミング環境」というのがあるの
です。それは、「Google Colaboratory」（以後、Colaboratoryと略）というサー
ビスです。

Colaboratoryとは？

　Colaboratoryというのは、Googleが提供するWebサービスです。Webブラウ

ザからサイトにアクセスするだけで、プログラミングが行えるようになります。有料プランもありますが、基本的には無料で利用できると考えていいでしょう。

　使えるプログラミング言語は、標準でPythonになっていますが、JavaScriptにも対応しています。また、Googleアカウントさえあれば誰でも無料で使うことができます。作成したColaboratoryのファイルは、自分のアカウントのGoogleドライブ内に保存されるため、ファイルの管理も簡単です。

 ### 同時に複数の処理を書いて動かせる

　Colaboratoryでは、「セル」と呼ばれる区画を作成して、そこにプログラミング言語のソースコードを書いて動かします。このセルは1つのファイルにいくらでも用意できるため、多数のコードを別々に書いて実行できます。これが、「テキストファイルで書いてWebブラウザで実行」という方法ではなく、Colaboratoryを推す最大の理由です。同時に多数のコードを実行し、また必要に応じてそれぞれを書き換えて再実行することが簡単に行えるのです。

　Colaboratoryを使わず、テキストファイルでHTMLファイルを書いて同じことを行おうとしたなら、作成するコードの数だけファイルを作らなければいけません。多数のファイルを同時に開いて俯瞰的に眺めたり、同時にいくつものコードを実行させて比べたりするためには、専用の開発ツールなどが必要になるでしょう。

 ### 専用エディタを内蔵

　セルは簡易ソースコードエディタになっており、コードを内容に応じて色分け表示したり、JavaScriptで利用されるさまざまな機能の候補をポップアップ表示してくれます。こうした入力を支援する機能のおかげで、記述間違いなどを格段に減らすことができます。

　テキストファイルで同じことを行うためには、JavaScriptの編集に対応したエディタや開発ツールを探してインストールし利用しなければいけないでしょう。何のソフトもインストールすることなく、きちんとした編集環境が使えるのは大きなメリットです。

 ### ブラウザさえあればどこでも動く

　Webサービスとして提供されているため、実行する環境を選びません。PCでもタブレットでもスマートフォンでも、アクセスすればすぐに使えます。またファイルはGoogleドライブに保存されるため、自宅でも職場でも学校でも、Googleのア

カウントでログインすればいつでも作業を継続できます。

　対応するブラウザは、Chrome、Edge、Firefox、Safariなどメジャーなものは一通り対応しています。ただしGoogleは「Chrome」での利用を推奨していますので、特に理由がなければChromeを使うようにして下さい。本書でもChromeを使って説明していきます。

共有やコメント付けが簡単！

　Colaboratoryを利用する大きな利点として「共有の簡単さ」もあげられるでしょう。例えばテキストエディタなどでHTMLファイルを作ってJavaScriptのプログラムを作ったとすると、それを社内や学内の人と共有するのは意外と面倒です。また共有はできたとしても、複数のメンバーがコードの内容などに関する情報を共有していくのは大変でしょう。

　Colaboratoryでは、Googleのスプレッドシートやドキュメントなどと同じようにファイルを共有できます。また共有する相手ごとに、閲覧のみか、コメントだけ許可するか、編集まで許可するかを指定できます。

　コメント機能があることで、作成したコードに共有した相手がさまざまにコメントを付けていくことで情報を共有できます。大勢が参加するプロジェクトなどでの利用には最適でしょう。

レポート作成にも使える

　Colaboratoryは、ただプログラムを書いて実行するだけしかできないわけではありません。Markdown（詳しくはP.014）という簡易言語を使い、レポートの作成などを行うこともできるのです。

　Markdownによるレポートも、ソースコードと同様に「セル」で書けるようになっています。このため、レポートのセルと、プログラムのセルを組み合わせて、「動くレポート」を作成できます。ただレポートに図などを表示するだけでなく、例えばプログラムで作成した表やグラフなどをその場で操作したり動かしたりできるわけです。

　Microsoft Wordなどのワープロでは、プログラムをその場で動かすことなどできません。Colaboratoryならではの機能といえるでしょう。

03 Colaboratoryを使おう

では、実際にColaboratoryを利用してみましょう。Webブラウザを起動し、以下のアドレスにアクセスして下さい。

https://colab.research.google.com/

Googleアカウントでログインしていない場合、アクセスすると「Colaboratory へようこそ」というファイルが開かれます。Colaboratoryで作成したファイルで、Colaboratoryの使い方などを簡単に説明してあります。

図1-3-1　ログインしていないと「Colaboratoryへようこそ」というファイルが表示される

ログインしてアクセスする

Colaboratoryは、Googleアカウントでログインしていないと自分でファイルを作れませんので、右上の「ログイン」ボタンからログインします。ログインした状態でColaboratoryのサイトにアクセスすると、画面にパネルが現れます。これは、

Colaboratoryのファイルを選択するためのもので、デフォルトではログイン前と同じく「Colaboratoryへようこそ」というファイルだけが用意されています。このファイルは「ノートブック」と呼ばれます。Colaboratoryでは、ノートブックを作って開き、そこにコードを記述して利用します。

　既に作成したノートブックがあれば、このパネルに表示されるので、ここから選んで編集できます。まだ皆さんはノートブックを作っていませんから、新しいノートブックを作成しましょう。パネル右下にある「ノートブックを新規作成」というリンクをクリックして下さい。これで新しいノートブックが作成されます。

図1-3-2　Colaboratoryにアクセスすると、ノートブックを選択するパネルが現れる

💡 ノートブックの構成

　新しいノートブックを開くと、画面に図1-3-3のような表示が現れます。ノートブックの表示は、いくつかの部分に分けて考えることができます。簡単に整理しておきましょう。

❶ファイル名

　表示の最上部には、ファイル名が表示されています。この部分をクリックすると、ファイル名を直接書き換えることができます。

❷メニューバー

　ファイル名の下には、「ファイル」「編集」……といったメニューが並んでいます。Colaboratoryの機能はすべてこれらメニューにまとめられています。

❸「+コード」「+テキスト」

　メニューバーの下には、「+コード」と「+テキスト」というリンクが表示されています。これらは、コードを記述する「セル」を作成するためのものです。

　Colaboratoryでは、プログラミング言語のプログラムのことを「コード」と呼びます。「ソースコード」の「コード」ですね。JavaScriptを使って書いたプログラムも、ここでは「コード」として扱われます。コードを書くときは「＋コード」のセルを使い、普通のテキストやMarkdownでドキュメントを書くときは「＋テキスト」のセルを使います。

❹「接続」「編集」

　「＋コード」「＋テキスト」の右側には、「接続」「編集」といった表示があります。「接続」は、「ランタイム」と呼ばれるColaboratoryの実行環境に関するものです。また「編集」は、ノートブックのモード（編集可能か、ブラウズするだけか）を表します。

❺左端のアイコンバー

　画面の左端には、いくつかのアイコンが縦に並んでいます。これは、画面の左側にサイドバーを開くためのものです。このサイドバーには、検索やスニペットと呼ばれる汎用的なコードのリスト、ファイルのリストなどを表示し利用できます。当面、使うことはないので、このアイコンの機能は、今は特に覚える必要はありません。

❻セル部分

　「＋コード」「＋テキスト」の下には、左端に ● の丸型アイコンが表示された部分があります。その横には「1」と表示され、テキストが入力できるようになっていますね。これが「セル」と呼ばれるものです。このセルの中に、実行する処理を記述します。

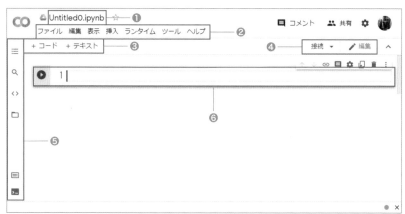

図1-3-3　新しいノートブックを開いたところ

💡 セルのアイコンについて

　これらの中で、最も重要なものが「セル」です。セルを使ってすべての処理は実行していきます。セルの右上にはアイコンが一列に並んでいます。これらは左から順に以下のような働きをします。

セルを上に移動	上にあるセルと入れ替えます
セルを下に移動	下にあるセルと入れ替えます
セルにリンク	セルのリンクを表示します
コメントを追加	セルにコメントを付けます
エディタ設定を開く	ノートブックの設定パネルを開きます
タブのミラーセル	セルを別のタブで開きます
セルの削除	セルを削除します
その他のセル操作	メニューが現れ、セルのコピー&ペーストなどその他の機能が表示されます

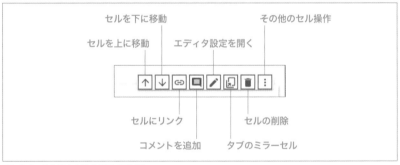

図1-3-4　セルの右上にあるアイコン類

ランタイムの接続

　次のChapter1-04で初めてコードを書いて実行すると、実行結果が表示されるまでけっこう待たされるでしょう。これは、Colaboratoryがランタイム環境を起動しているからです。Colaboratoryは、Googleのサーバー側にColaboratoryのコードを実行する環境を起動しており、その間で情報をやり取りして動いています。このランタイム環境を起動するのに時間がかかるのです。

　起動すると、右上の「接続」と表示されていたところにRAM・ディスクといったランタイムの動作環境が表示されるようになります。

04 セルを動かそう

　ノートブックを開いた状態では、何も書かれていないセルが1つだけ用意されています。ここに簡単な文を書いて動かしてみましょう。

リスト1-4-1

```
01  print("ようこそ、Colaboratoryへ！")
```

　このように記述をして下さい。書き終わったら、左側に見える ▶ をクリックします。これが、セルを実行するアイコンです。これをクリックすると記述した処理を実行し、結果をセルの下に表示します。ここでは「ようこそ、Colaboratoryへ！」とテキストが表示されます。

クリックして実行

図1-4-1　実行すると「ようこそ、Colaboratoryへ！」とテキストが表示される

💡 新しいセルを用意する

　これで、コードを書いて動かす方法はわかりました。ただ、今のサンプルは、実はJavaScriptではなく「Python」のコードなのです。
　Colaboratoryは、デフォルトでPythonのコードを実行するようになっています。JavaScriptのコードを動かすには、ちょっとだけ修正が必要なのです。
　では、新しいセルを作って、JavaScriptのコードを動かしましょう。今使ったセルの下部に「＋コード」というボタンが表示されるので、これをクリックして下さい。あるいはノートブック上部にある「＋コード」をクリックしても作成できます。

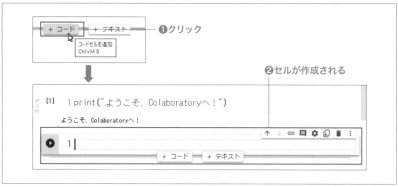

図1-4-2 「+コード」をクリックして新しいセルを作る

💡 JavaScriptを動かすには？

では、JavaScriptを動かしましょう。新しいセルの1行目に「%%js」と書いて下さい。これで、このセルに書くコードはJavaScriptのものであると認識されます。あるいは、「%%Javascript」でもJavaScriptと認識されます。

では、新しいセルの内容を以下のリストのように書き換えてみましょう。

リスト1-4-2

```
01 %%js
02 let dom = document.querySelector('#output-area');
03 dom.innerHTML = '<h1>Hello!</h1><p>これはサンプルの表示です。</p>';
```

これを実行すると、下に簡単なテキストの表示がされます。これが、ここで実行したJavaScriptの処理によるものです。コードの内容は、実際にJavaScriptについて学ぶようになればわかるものなので、今は理解できなくても大丈夫です。ここでは「冒頭に%%jsとつければ、JavaScriptのコードが動く」ということだけ理解しておきましょう。

図1-4-3 コードを実行すると、テキストが下に表示される

💡 HTMLも使える！

　セルで利用できるのはJavaScriptだけではありません。Webページで使う「HTML」も利用することができます。

　セルの下部にある「＋コード」をクリックして、もう１つ新しいセルを作りましょう。そして、ここに以下のように記述をします。

リスト1-4-3

```
01  %%html
02  <h1>Hello</h1>
03  <h2>HTML Sample page.</h2>
04  <p>これは、HTMLのサンプル画面です。</p>
```

図1-4-4　実行すると、HTMLで書いたWebページが表示される

　HTMLは、冒頭に「%%html」と書くことで使えるようになります。これを実行すると、セルの下にいくつかのテキストが表示されます。これらは、すべてHTMLの「タグ」というものを使って書かれています。ここで書かれている<h1>や<p>といったものがタグです。これらを記述して、実際にWebページなどに表示される内容を簡単に作って表示することができます。

　Webページを作ったことがある方にはおなじみの方法ですが、このように書かれたHTMLのコードの中に、<script>タグを使ってJavaScriptのコードを記述することも可能です。%%htmlを使えば、「HTMLのWebページを作って、その中でJavaScriptを動かす」ということができるようになるのです。

05 Markdownを使おう

　このように、セルを使えばPythonだけでなく、JavaScriptやHTMLのコードも簡単に実行できることがわかりました。

　しかし、Colaboratoryのセルは、これだけではありません。この他にも「Markdown（マークダウン）」と呼ばれるものを書くセルを作ることができます。このMarkdownの利用についても説明しておきましょう。

　Markdownは、HTMLなどと同じドキュメント記述言語です。HTMLのようにきっちりとタグを書いて記述するのではなく、簡単な記号を冒頭につけて書くだけで、テキストに様々なスタイルを設定できます。このMarkdownを使うことで、Colaboratoryのノートブックでレポートなどを記述できるようになります。

　では、実際にMarkdownを使ってみましょう。使っていたセルの下部にある「＋テキスト」をクリックして下さい。新しいセルが追加されます。これがMarkdown用のセルです。

図1-5-1　「＋テキスト」をクリック

　このセルの上部には、テキストのフォントサイズやスタイルなどを設定するためのアイコンがズラッと並んでいます。これらを使ってテキストのスタイルなどを設定できます。

図1-5-2　上部にはスタイルを設定するためのアイコンが並んでいる

ドキュメントを記述する

　では、作成したテキストセルに表示内容を記述していきましょう。ここでは以下のように修正して下さい。

リスト1-5-1

```
01  # Markdown サンプル
02  ## Colaboratory でMarkdownwo利用する
03
04  Colaboratoryでは、テキストセルを作ることで、Markdownのスクリプトを直接記述できる。
```

　Markdownを記述すると、セルの右側に表示が現れます。これは、Markdownのプレビュー表示です。これで表示を確認しながらMarkdownのコードを書くことができます。

　また、他のセルをクリックして選択したり、あるいは右側上部にある（✕）をクリックすると、Markdownのコードの表示が消え、プレビューで表示された内容だけになります。これがMarkdownによって作られたドキュメントの表示です。Markdownでは、ドキュメントにタイトルを付けたり、スタイルやリスト、テーブルなどの記述を簡単に作ることができます。

図1-5-3　Markdownを記述すると右側にプレビューが表示される

06 Markdownの主な機能

Markdownでは、テキストの前後に簡単な記号をつけることでタイトルなどの設定を行うことができます。

まずは、基本である「タイトル」のための記号から覚えましょう。これは#記号を使います。文の冒頭に#をつけることでその分をタイトルとして表示します。

タイトルには、6段階のレベルが用意されています。これは#の数で指定できます。#ならばもっとも上位のレベル（メインタイトル）となり、##ならばサブタイトル、###なら更に下の見出し、という具合にレベルが下がり、最大で######まで用意されています。

図1-6-1　#を冒頭につけることで6段階のレベルのタイトルを作れる

スタイルの指定

テキストにスタイルを指定したい場合は、テキストの前後にスタイルのための記号を付けて記述します。用意されているものとしては以下のようなものがあります。

リスト1-6-1

```
01  *Italic(斜体)*
02  **Bold(太文字)**
03  ***Italic-Bold(太文字の斜体)***
04  ~~取り消し線~~
```

文の最後には、半角スペースを2つずつ付けて記述して下さい。こうすることで、1行ずつテキストが改行表示されます。

スタイル関係は、この例のようにテキストの前後に記号をつけることで、その部分だけスタイルを設定することができます。

図1-6-2　スタイルの記号をつけることでテキストの一部にスタイルを設定できる

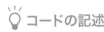 コードの記述

　ドキュメントの中にコードを参照して掲載するようなときは、「```」という記号を使います。これをコードの前後につけて記述するのです。

リスト1-6-2

```
01  ```
02  この部分がコードの扱いになる
03  ```
```

　このような形ですね。この「`」という記号はバッククォート記号と呼ばれるものです。これは、「テキスト」セルの上部にある（◇）をクリックすると自動的にセル内に書き出されます。これを使って記述するのが良いでしょう。

図1-6-3　「```」記号を使うと、コードの参照を表示できる

 引用の記述

　テキストを引用して記載するような場合は、テキストの冒頭に＞記号を付けます。この記号は、複数つければそれだけ引用の階層を深くすることができます。例えば、このような具合ですね。

リスト1-6-3

```
01  >引用1
02  >>引用2
03  >>>引用3
```

このあたりは、電子メールの引用などを思い浮かべれば理解しやすいでしょう。

図1-6-4 ＞をつけると引用として表示される

💡 箇条書きの記述

いくつかの項目を箇条書きにしてまとめるリストは、2通りの書き方があります。1つはナンバリングして記述する書き方、もう1つは冒頭に●をつけて記述する書き方です。

●**ナンバリングする箇条書き**
  1. 項目1
  2. 項目2

●**普通の箇条書き**
  - 項目1
  - 項目2

ナンバリングする場合は、冒頭に「1. 」というように番号とドットを付けます。番号は、実は正確に番号を割り振る必要はありません。最初の項目の番号から順にナンバリングされるようになっているのです。例えば最初を「10.」とすると、その後はどんな数字を指定しても11、12とナンバリングされます。

普通の箇条書きは、冒頭に「-」あるいは「+」とつけて、そのあと半角スペースを1つ入れた後に項目を記述します。「-」と「+」はどちらでもかまいませんし、混在しても問題ありません。

図1-6-5　2通りのリスト。ナンバリングリストは、数字はいくつでもかまわない

 テーブルの作成

　データを表示するときに用いられるのがテーブルです。テーブルは、横線を示す「-」(半角マイナス) 記号と、縦線を示す「|」記号を使って記述します。

　基本的に、すべての項目は | 記号で区切って記述します。そしてヘッダー (タイトルが表示される部分) と実データの間に、- と | を使って区切りを用意します。

リスト1-6-4

```
01  項目1 | 項目2 | 項目3
02  ---|---|---
03  値1 | 値2 | 値3
04  値A | 値B | 値C
```

　| を使って、--- の横線を項目の数だけ分けて記述します。このように記述することで、データを自動的にテーブルにして表示することができます。

図1-6-6　テーブルは - と | を組み合わせて作る

 数式の記述

　学校のレポートなどで利用する場合、数式を書くことも多いでしょう。数式は、式の前後に $ 記号を付けて記述します。例えば、$ 1 + 2 $ といった具合ですね。これで、その部分が数式として表示されます。

また、数式だけで使われる特殊な書き方もいろいろと用意されています。とりあえず「分数」「平方根」「π」ぐらいは知っておくとよいでしょう。$ で囲んだ式の中でこれらを使うことで、分数や平方根、π記号などを表示させることができます。

```
分数　：　　\frac { 分子 } { 分母 }
平方根：　　\sqrt [ べき根 ] { 内容 }
π ：　　　\pi
```

　四則演算は、そのまま式を書いて前後に $ をつけるだけで数式として扱ってくれます。分数や平方根は書き方に慣れないと難しいでしょうが、普通の四則演算ならすぐに書けるでしょう。

コードとテキスト2つのセル

　Colaboratoryは、「コード」と「テキスト」の2種類のセルを組み合わせてノートブックを作ります。「コード」はプログラムを書いて実行するものであり、「テキスト」はMarkdownでドキュメントを記述するものです。
　この2種類のセルの基本的な使い方をよく頭に入れておきましょう。これさえわかれば、Colaboratoryはすぐに使うことができるようになりますよ。

図1-6-7　数式は前後に $ をつけて記述する

Chapter 2

HTMLとJavaScriptの
基礎を覚えよう

この章のポイント
・値の種類、変数、計算の基本をしっかり理解しましょう
・4種類の制御構文を使えるようになりましょう
・配列の基本的な考え方と使い方を覚えましょう

01 ColaboratoryのHTMLコード
02 JavaScriptコードを実行する
03 値と計算
04 変数と定数
05 ifによる条件分岐について
06 switchによる多数の分岐
07 whileによる繰り返し
08 forによる繰り返し
09 配列について
10 配列とfor-in/for-of構文

01 Colaboratoryの HTMLコード

　では、JavaScriptの基礎について学んでいくことにしましょう。JavaScriptは、今では様々なところで利用されていますが、最初は「Webページ」から始めるのが良いでしょう。Webページの中にスクリプトを用意し、Webページの表示や動作などを利用した処理を実行するのがJavaScriptのもっとも基本的な使い方です。

　Colaboratoryを使うと、簡単にHTML + JavaScriptを動かすことができます。ただし、セルで動くコードは、Webページを作成するために書くコードと全く同じものではありません。まずは「Webページのコードと、Colaboratoryのコード」の違いから説明しましょう。

　例として、ごく簡単なコードをあげておきます。これを「コード」セルに記述し、実行して下さい。

リスト2-1-1

```
01  %%html
02  <h1>JavaScript Sample</h1>
03  <h2 id="msg">wait...</h2>
04  <script>
05    document.querySelector('#msg').innerHTML = "※JavaScriptが動いた！";
06  </script>
```

　ここでは%%htmlを使い、HTMLのコードを作成しました。その中に<script>を使ってJavaScriptのコードも用意し、実行されるようにしています。

　これを実行すると、「JavaScript Sample」というテキストの下に「※JavaScriptが動いた！」とメッセージが表示されます。この表示が、実はJavaScriptによるものです。ここには元々、「wait...」というメッセージがありました。JavaScriptにより、その表示が書き換えられているのです。

図2-1-1　「※JavaScriptが動いた！」という表示がJavaScriptによるもの

💡 Webページのコードは？

　では、このコードをColaboratoryからコピーしてHTML形式のファイルとして
保存し、Webブラウザで開けばちゃんと表示されるでしょうか（もちろん、1行目
の%%htmlは削除します）。おそらく表示はされるでしょうが、うまく表示できな
いケースもあるでしょう。なぜなら、このコードは、Webページ用のHTMLコー
ドに必要なものが足りないからです。

　先ほどのサンプルを、そのままWebページで表示されるHTMLコードとして書
くなら、おそらく以下のようなものになるでしょう。

リスト2-1-2

```
01  <!DOCTYPE html>
02  <html lang="ja">
03    <head>
04      <meta charset="UTF-8">
05      <title>index</title>
06    </head>
07    <body>
08      <h1>JavaScript Sample</h1>
09      <h2 id="msg">wait...</h2>
10      <script>
11        document.querySelector('#msg').innerHTML = "※JavaScriptが ↵
    動いた！";
12      </script>
13    </body>
14  </html>
```

　何だか見たことのないタグがたくさん増えていますね。これがWebページの
HTMLコードとして作成する場合、最低限必要となるコードです。

💡 HTMLの基本形を整理しよう

　細かな内容を省略してもう少し整理すると、WebページのHTMLコードは以下
のような形になっているのがわかります。

```
<!DOCTYPE html>
<html>
  <head>
    ……ヘッダー情報……
  </head>
  <body>
```

```
    ……表示する内容……
  </body>
</html>
```

　最初の<!DOCTYPE html>というのは、これがHTMLのコードであることを示すものです。WebページのHTMLコードは、<html>というタグの中に記述します。そして、その中に、<head>と<body>という2つのタグがあります。

　<head>には、表示するWebページに関する（画面に直接表示されない）情報をいろいろと記述します。例えば使用言語は何か、テキストのエンコード方式は何か、ページのタイトルは何か、といったことがここに書かれています。

　そして実際にWebブラウザに表示される内容は、<body>の部分に書かれているのです。先ほど、Colaboratoryに書いたコードとWebページの基本形を見比べると、違いがよく分かるでしょう。Colaboratoryのコードは、<body>の中に書かれる、実際にWebページに表示される内容だけが書かれていたのです。

　Colaboratoryは、<body>に記述する表示内容だけを書けば、それがそのままセルの下に表示されます。WebページのHTMLコードを書くより遥かに簡単にコードを書き実行できるのです。テキストエディタでHTMLコードを書いてWebブラウザで表示するより、Colaboratoryを使ったほうが簡単にHTMLとJavaScriptを試せることがわかったでしょう。仕事や学習で、JavaScriptを使って処理を実行させたい、という場合、HTMLファイルを作成するよりColaboratoryのほうが手早くコードを使えますね。

　また、Webページを作成する場合も、まずColaboratoryのセルで表示や動作を確認しておき、「これでOK」となったなら、Webページ用のHTMLの<body>部分にそのコードをコピー＆ペーストすればWebページが完成します。

💡 スクリプトと<script>タグ

　では、HTMLコードの中にJavaScriptのコードはどのように記述されているのでしょうか。これは、以下のようなタグを使って記述します。

```
<script>
……ここにJavaScriptのコードを書く……
</script>
```

　<script>は、JavaScriptのコードを記述するための専用タグです。HTMLの中にこのタグを用意しておくと、このタグが読み込まれた際に中のコードが実行されます。

02 JavaScriptコードを実行する

　前述のとおり、WebページをHTML形式のファイルで作る場合、必ずHTMLコードを書き、その中の〈script〉でJavaScriptのコードを記述する必要があります。JavaScriptのコードだけを書いても動きません。

　しかしColaboratoryの場合、JavaScriptコードだけを書いて動かすことができます。そう、「%%js」を使うのでしたね。

リスト2-2-1

```
01  %%js
02  document.querySelector("#output-area").textContent  = 'Hello!';
```

　セルのコードをこのように書き換えて実行しましょう。セルの下に「Hello!」とテキストが表示されます。HTMLのタグなどを書く必要もなく、直接JavaScriptのコードだけを実行できます。JavaScriptを学ぶなら、Colaboratoryを使ったほうが遥かに便利ですね。

図2-2-1　「Hello!」と表示される

💡 テキストを表示するには？

　リスト2-2-1では、テキストを表示するのにdocument.querySelector("#output-area").textContentというものを使っています。これに=をつけ、値を記述すると、その値が表示されるのです。

　この document.querySelector("#output-area").textContent というものは、セルの下の出力部分に表示されるテキストを示す値です。このあたりは、DOMというものについて理解しないとよくわからないでしょう。

　DOMについてはもう少し先のところで説明する予定です。当面は、「よくわからないけど、document.querySelector("#output-area").textContentと書けばセルの下にテキストが表示できるらしい」ということだけわかれば十分です。

03 値と計算

では、JavaScriptのコードの書き方がわかったところで、JavaScriptの基本的な文法について説明をしていくことにしましょう。しかし、その前に一つだけ、頭に入れておいてほしいことがあります。それは、こういうことです。

「すべてを今すぐ完璧に理解しようと思わないこと」

基本文法は、プログラミングを覚える上で非常に重要なものです。文法がわからなければ、プログラムは正しく書けません。

しかし、基本の文法は、これから先、何度もコードを書いて動かしていけば自然と覚えてしまうものでもあります。ですから、わざわざ努力して暗記しよう、と考える必要はありません。また、中には読んだだけではよくわからないものもあるでしょうが、それも実際にコードを何度も書いて動かしているうちに自然と理解できるようになりますからあまり心配しなくても大丈夫です。

基本文法の説明は、「こんなものが用意されている」ということだけわかれば十分です。一通り目を通したら、どんどん先に進みましょう。そして、掲載されているコードを実際に何度も書いて動かして下さい。「書いては動かす」を根気よく繰り返していけば、よくわからなかった文法もいつの間にか使えるようになっているはずですよ。

基本的な値の種類

プログラムというのは、基本的に「値の計算をするもの」です。どんな複雑な処理でも、それを分解していけば「さまざまな値を計算し書き換える」ということの繰り返しなのですね。値と計算は、あらゆるプログラムの最も基本となるものです。

JavaScriptでは、値にはいくつかの種類があります。以下に基本となる値の種類を整理しましょう。

● 数値 (number)

もっとも多用する値は「数値」でしょう。数の値ですね。JavaScriptでは、数の値はそのまま数字を書くだけです。「123」「0.001」というような形ですね。この他、「10のN乗」といった書き方や16進数の表記などもできますが、これらは今すぐ覚える必要はないでしょう。一般的な数字の書き方がわかれば問題ありません。

●テキスト

テキストの値は、テキストの前後をクォート記号で挟んで記述します。使えるのはシングルクォート（'）とダブルクォート（"）です。この他、バッククォート（`）も利用できます。

シングルクォートとダブルクォートは、1行だけのテキストを値として用意するのに使います。この2つは、働きに違いはなく、どちらを使っても問題ありません。バッククォートは、複数行のテキストを値として記述するのに使います。これは複数行に渡るテキストを値として使うときに利用するもので、普段はあまり使うことはないでしょう。

●真偽値

これはコンピュータ特有の値です。真偽値は「正しいか、正しくないか」といった二者択一の状態を表すのに使います。値は「true」と「false」で、この2つしか値は存在しません。この真偽値は、どういうときに使うかが重要なので、実際に利用する際に改めて触れましょう。

値の計算

続いて、値の計算についてです。値の計算は、その種類ごとに覚える必要があります。JavaScriptでよく使う計算は「数値の計算」と「テキストの計算」です。この2つについてまとめておきましょう。

●数値計算

計算の基本は「数値」でしょう。JavaScriptでは、数値の計算は基本となる四則演算、優先して計算をするための()記号などを一通りサポートしています。四則演算は「+-*/」といった記号を使います。この他、「わり算のあまり」を計算する記号として「%」記号が用意されています。例えば、「10 % 3」とすれば「1」が得られます。

●テキスト計算

テキストにも計算のための記号はあります。それは「+」です。この+記号は、「左右のテキストを1つにつなげる」という働きをします。"A" + "B"ならば、結果は"AB"となるわけです。もちろん、3つ以上のテキストを"A" + "B" + "C"……というようにつなげて書くこともできます。

04 変数と定数

JavaScriptで利用される値の多くは、値のまま計算などに使われているわけではありません。多くは「変数」というものに入れて利用します。

変数は、値を保管しておくための入れ物です。JavaScriptでは様々な値を変数に入れておき、変数を使って計算をしたり必要な値を設定したりします。変数はいつでも値を変更できるので、必要に応じて値を更新しながら処理を行うことができます。

変数は、以下のようにして作成します。

[書式] 変数の作成

```
let 変数;
var 変数;
```

letまたはvarというキーワードの後に、作成する変数の名前を記述します。letとvarの違いは、「letのほうが細かく利用範囲を設定できる」という点ですが、これは関数という機能を使うようにならないとよくわからないでしょう。当面、「変数はletを使う」と考えていいでしょう。

値の代入

変数へは、イコール（=）記号を使って値を設定します。これは「代入」と呼ばれます。代入は、以下のように行います。

[書式] 変数への値の代入

```
変数 = 値;
```

これで、右側の値を左側の変数に代入します。変数にそれまで保管されていた値は、新たに代入した値に書き換えられます。

変数を使うときは、変数の作成と同時に値を代入することもあるので、これらをまとめて行うこともできます。

[書式] 変数の作成と値の代入

```
let 変数 = 値;
var 変数 = 値;
```

このようにすれば、変数を作成してそれに値を設定することができます。

◯ 文の終わり

　変数の書き方を見ると、最後にセミコロン（;）記号がついているのに気がついたかもしれません。これは、JavaScriptの文の終わりを示しています。

　プログラムというのは、様々な計算や命令を1つ1つの文として書いていき、それらを順に実行して動きます。この文は、JavaScriptでは「改行」か、あるいは「セミコロン」で区切ります。それぞれの文を1つ1つ改行すればそれで区切られますし、文の最後にセミコロンを付けても「ここで終わり」と示すことができます。

　多くの人は、この両方を組み合わせて「文の最後にセミコロンを付けて改行する」という書き方をします。本書でも、この書き方を使うことにします。

◯ 定数について

　この変数の他に「定数」と呼ばれるものもあります。これは、値が変更できない変数です。最初に定数を作るときに値を設定し、以後、変更はできません。この定数は、以下のように作成します。

[書式] 定数の作成

```
const 定数 = 値;
```

◯ 変数と定数の利用

　では、変数や定数はどのように作成し利用するのか、実際にサンプルを書いて動かしてみましょう。リスト2-2-1のコードを以下のように書き換えて実行して下さい。なお、書き換える際には、新しいセルを作って前のコードをコピーして書き換えるようにして下さい。今後、本書の学習では必ず同じように、「新しいセルを作成し、コピーして書き換える」方法で進めて下さい。変更部分は赤文字になっています。

リスト2-4-1

```
01  %%js
02  const x = 10;
03  const y = 20;
04  let a = x + y;
05  let b = x * y;
06  let c = a / b;
07  document.querySelector("#output-area").innerHTML = '結果:' + c;
```

ここでは定数 x、y を用意し、これを使って x ＋ y と x ＊ y を計算した結果をそれぞれ変数 a、b に代入しています。そして最後に a ／ b の結果を変数 c に代入し、これとテキストを＋でつなげて結果を表示しています。

　こんな具合に、変数や定数は、他の普通の値と全く同じように計算の式で使うことができます。

図2-4-1　サンプルを実行すると、「結果：0.15」と表示される

数字とテキストを足し算すると？

　ここでは、最後に「' 結果：' ＋ c」という計算結果を表示していますね。この計算式、よく見るとちょっと不思議です。なぜなら、テキストと数値を足し算しているのですから。

　このように、異なる値を計算することは JavaScript ではよくあります。このような場合、まず以下の点をチェックして下さい。

　・それは足し算（＋）か？
　・その中にテキストが含まれているか？

　この2つが成立するなら、それは「すべての値をテキストにして1つにつなげる」式だと考えて下さい。

　では、それ以外の場合は？　それ以外の式は、当分書くことはありませんから心配は要りませんよ。もし出てきたら、実際に動かして結果を確かめましょう。

05 ifによる条件分岐について

値と変数、そして基本的な計算ができるようになったら、次に覚えるべきは「制御構文」です。制御構文は、プログラムの流れを制御するための基本的な文法です。これはいくつかの種類が用意されていますので順に説明しましょう。

最初に紹介する制御構文は「if」というものです。これは一般に「条件分岐」と呼ばれる構文です。チェックする条件を用意しておき、その結果に応じて異なる処理を実行させるのに使います。

[書式] ifの基本形

```
if ( 条件 ) {
  ……条件が正しいときの処理……
} else {
  ……条件が正しくないときの処理……
}
```

ifの後にある ( ) 部分に「条件」となるものを用意しておき、その結果に応じて実行する処理が変わります。条件が正しければ、その後の { } 部分にある処理を実行します。もし正しくなければ、elseの後にある { } 部分を実行します。このelse {……} という部分は実はオプションで、省略することもできます。その場合、条件が正しくない場合は何もしません。

💡 条件は「真偽値」

問題は、「条件をどのように用意するのか」でしょう。このifでは、「正しいかどうかチェックできる条件」を用意しないといけません。これはどんなものなのでしょう。

答えは、「真偽値」です。先に値の種類について説明したときに出てきましたね(P.027)。真偽値とは、trueとfalseの二者択一の値です。この2つの値しかありません。

ifでは、条件に用意した値（または式の計算結果など）がtrueだとその後の{}を実行し、falseだとelse以降の{}を実行します。つまりifの条件とは「真偽値として結果が得られるもの」であればいいのです。真偽値の変数、真偽値の式など、結果が真偽値として得られるものならばどんなものでも条件に指定できます。

💡 比較演算の記号について

　とはいえ、「真偽値の式」といっても、具体的にどんな式を書けばいいのかわからないでしょう。当面の間、条件には「比較演算の式」を使う、と考えて下さい。

　比較演算の式とは、2つの値を比べる式のことです。JavaScriptには、2つの値を比べる比較演算のための演算記号がいろいろと揃っています。この記号を使って、比較演算の式を作成すればいいのです。用意されている記号には以下のものがあります（※AとBの2つの値を比べる形で書いてあります）。

比較演算子	意味
A == B	AとBは等しい
A != B	AとBは等しくない
A < B	AはBより小さい
A <= B	AはBと等しいか小さい
A > B	AはBより大きい
A>= B	AはBと等しいか大きい

　例えば、if（A == B）というように条件を設定したならば、AとBの値が等しければその後の{}部分を実行し、等しくなければelseの後の{}を実行するようになる、というわけです。

💡 偶数・奇数を調べよう

　では、if構文の利用例として、数字が偶数か奇数かを調べて表示する、というプログラムを考えてみましょう。セルを以下のように書き換えて下さい。

リスト2-5-1

```
01  %%js
02  const x = 123; //☆
03  let msg;
04  if (x % 2 == 0) {　……………………………………… 1
05    msg = '偶数です。';
06  } else {
07    msg = '奇数です。';
08  }
09  let res = x + 'は、' + msg;
10  document.querySelector("#output-area").innerHTML = res;
```

これを実行すると、セルの下に「123は、奇数です。」と表示されます。☆マークの数字（123）をいろいろな整数に書き換えて試してみましょう。ちゃんとその数字が偶数か奇数かを間違えずに表示しますよ。

■では、ifの条件に（x ％ 2 == 0）という式を指定しています。x ％ 2は「xを2で割ったあまり」を計算するものでしたね。それの結果がゼロかどうかをチェックしていたのです。ゼロならば、2で割り切れるので偶数、そうでなければ奇数と判断できます。

```
1  %%js
2  const x = 123; //☆
3  let msg;
4  if (x % 2 == 0) {
5    msg = '偶数です。';
6  } else {
7    msg = '奇数です。';
8  }
9  let res = x + 'は、' + msg;
10 document.querySelector("#output-area").innerHTML = res;
```

123は、奇数です。

図2-5-1　実行すると「123は、奇数です。」と表示される

{ } は「ブロック」

ifでは、実行する処理の部分を { } という記号でまとめていました。この {……} という部分は、これから先、さまざまなところで登場します。これは「ブロック」と呼ばれます。

ブロックは、複数の文を一つにまとめるときに用いられます。JavaScriptの構文でよく使うものなので、ここで覚えておきましょう。

// はコメント

リスト2-5-1の2行目で、「//☆」という記述がありました。「//」は、JavaScriptでコメントを書くための記号です。これが登場したら、ここから行末まではコメントとして扱われ、実行されません。

コメントは主に、コードの説明を書くことで読みやすくするために使われます。本書では目印として使っていますので、学習の際には、書かなくても構いません。

06 switchによる多数の分岐

if構文は、二者択一の分岐でした。しかし場合によっては2つ以上の分岐が必要になることもあります。多数の分岐を作りたいときに用いられるのが「switch」という構文です。これは以下のような形をしています。

[書式] switch構文

```
switch ( チェックする値 ) {
    case 値1:
    ……実行する処理……
    break;
    case 値2:
    ……実行する処理……
    break;

    default:
    ……どれにも合致しないときの処理……
}
```

switchは、その後の( )に式や変数などを用意します。この値がいくつかをチェックし、その後にある「case ○○:」というところから同じ値のものがないかを調べます。そして値が見つかったなら、そこにジャンプして処理を実行します。

実行する処理の最後には、必ず「break;」というものが書かれています。これは、「構文の処理を中断し、その構文を抜ける」という働きをする命令です。これがないと、その先にあるcaseの文もそのまま続けて実行していってしまうので注意しましょう。このbreakはswitch構文に限らず、他の構文でも利用されます。

もし、同じ値のcaseが見つからなかった場合は、最後の「default:」というところにジャンプして処理を実行します。このdefault:はオプションなので、省略してもかまいません。その場合は、同じcaseがなければ何もしません。

ジャンケンの手を考える

では、実際の利用例を考えてみましょう。ごく簡単なものですが、「ジャンケンの手を考えて出す」というサンプルを作ってみます。あらかじめ用意した数字から、ジャンケンのどの手を出すか決めるというものです。セルを以下のように書き換えて下さい。

実行すると、「あなたが選んだのは、グーです。」と表示されます。これを確認したら、☆マークの数字（123）をいろいろと書き換えて実行してみましょう。

リスト2-6-1

```
01  %%js
02  const x = 123; //☆
03  let msg;
04  switch (x % 3) {                          ■
05    case 0:
06    msg = 'グー'; break;                     ②
07    case 1:
08    msg = 'チョキ'; break;
09    case 2:                                  ③
10    msg = 'パー'; break;
11    default:
12    msg = '不明';
13  }
14  let res = 'あなたが選んだのは、' + msg + 'です。';
15  document.querySelector("#output-area").innerHTML  = res;    ④
```

■では、switch（x % 3）というように定数xの値を3で割った値をチェックしています。その結果によって、case 0:、case 1:、case 2:のいずれかにジャンプし（②）、出す手を変数msgに代入します（③）。後は、構文を抜けたところでmsgを使ってテキストを作成し表示するだけです（④）。

このようにswitchでは「( )に用意した値がどんな値になるか」をあらかじめよく考え、値ごとにcaseを用意していきます。ifの条件の真偽値のように値が決まっている場合は簡単ですが、数値やテキストの場合、よく考えないと「caseの用意し忘れ」で正しく判断されない場合が出てくる可能性もあります。

「switchは、用意するcase次第」ということをよく頭に入れておきましょう。

図2-6-1　実行すると「あなたが選んだのは、グーです。」と表示される

07 whileによる繰り返し

　続いて、「繰り返し」と呼ばれる構文について説明しましょう。繰り返しは、必要に応じて決まった処理を何度も繰り返し実行するための構文です。この構文は以下のように記述します。

[書式] while文の書き方（1）

```
while ( 条件 ) {
   ……繰り返す処理……
}
```

[書式] while文の書き方（2）

```
do {
   ……繰り返す処理……
} while( 条件 );
```

　while構文は、用意された条件をチェックし、それが成立する間、用意された処理を繰り返します。条件は、if構文で使ったのと同じく真偽値で結果が得られる変数や式を使います。書き方は2通りあり、条件のチェックを繰り返す処理の前に行うか後に行うかの違いです。

　（1）の書き方は、まず条件をチェックし、その結果がtrueならばその後のブロック（{}部分）を実行します。（2）の書き方は、doの後のブロックを実行した後で条件をチェックし、trueならばまたもとに戻って処理を実行します。どちらも同じように繰り返しを行いますが、「最初から条件がfalse」のときだけ挙動が違います。この場合、（1）では何もしないで次に進みますが、（2）では一度だけ処理を実行してから次に進みます。

　「どうも違いがよくわからない」という人は、とりあえず（1）の書き方だけ覚えましょう。これがwhileの基本です。（2）は、いずれ余裕ができたら使えるようになればいいでしょう。

合計を計算する

　では、利用例をあげましょう。ここでは1から100までの整数を合計して表示させてみます。セルを以下のように書き換えて下さい。

リスト2-7-1

```
01  %%js
02  const x = 100; //☆
03  let total = 0;
04  let count = 0;
05  while(count <= x) {      ………… 1
06    total += count++;      ………… 2
07  }
08  let res = x + 'までの合計は、' + total + 'です。';
09  document.querySelector("#output-area").innerHTML = res;
```

これを実行すると、「100までの合計は、5050です。」と表示されます。動作を確認したら、☆マークの数字（100）をいろいろと変更して動作を確かめてみましょう。いくつに設定しても、1からその数字までの合計が計算されます。

1では、whileの条件にwhile(count <= x)と式を指定していますね。これで、変数countの値が定数xと等しいか小さい間、繰り返しをします。countの値を1ずつ増やしていけば、1から順にxまでの整数をすべてtotalに足すことができます。

図2-7-1 実行すると「100までの合計は、5050です。」と表示される

代入演算子について

2では、繰り返し実行する処理部分に「total += count++;」という文が書かれていますね。ここには2つの見慣れない記号が使われています。

まず「+=」からです。これは、値の代入と四則演算を同時に行うもので「代入演算子」と呼ばれます。この記号は、左右の値を計算した結果を左側の変数に入れ直す働きをします。つまり、totalが1、countが2なら、1+2で3がtotalに入ります。用意されている記号とその働きを簡単に整理しましょう。

代入演算子	意味
A += B	A = A + B と同じ
A -= B	A = A - B と同じ
A *= B	A = A * B と同じ
A /= B	A = A / B と同じ
A %= B	A = A % B と同じ

　左側の変数の値を直接書き換えることになるので、左側の変数（上の例ではA）
を他の様々なところで利用しているような場合には注意が必要です。

💡 インクリメント演算子について

　②の式ではもう１つ、見慣れない記号がありました。「++」というものです。こ
れは「インクリメント演算子」といって、実行すると変数の値を１だけ増やすもの
です。これによって、繰り返しのたびにcountの値は1つずつ増えながらtotalに
加算されていきます。この演算子は、「++A」「A++」というように変数の前や後ろ
につけて使います。
　似たようなものに「--」という演算子もあります。これは「デクリメント演算
子」で、変数の値を１だけ減らします。

変数の前と後、どっちにつける?

　インクリメント／デクリメント演算子は変数の前にも後にもつけられますが、どちらにつけ
るかで働きが微妙に違ってきます。
　「++A」と前につけると、変数の値を１増やしてその値を取り出します。「A++」と後につける
と、まず変数の値を取り出して利用し、その後で１増やします。つまり、その変数を使うとき
はまだ１増えていないのです。先ほどのサンプルを思い出して下さい。

```
while(count <= x) {
 total += count++;
}
```

　これは、以下のように書き換えることができます。

```
while(count < x) {
 total += ++count;
}
```

　なぜ、この２つが全く同じ働きになるのかよく考えてみましょう。++の位置による働きの
違いがよくわかりますよ。

08 forによる繰り返し

繰り返しにはもう1つ構文が用意されています。「for」というもので、これは以下のような形で記述します。

```
for ( 初期化処理 ; 条件 ; 後処理 ) {
    ……繰り返す処理……
}
```

このforは、( )部分に3つの文を用意します。1つ目が、この構文に入るときに一度だけ実行する初期化処理です。2つ目は条件の式で、この条件の結果がtrueである間、繰り返しを続けます。3つ目は後処理で、繰り返し部分の処理を実行した後、この文を実行してから繰り返しの最初に戻ります。

これはかなりわかりにくいので、最初のうちは以下のように書く、と理解しましょう。

```
for ( let 変数 = 初期値 ; 変数 < 終了値 ; 変数++)
```

これで、用意した変数に初期値が代入され、繰り返すごとに1ずつ増えていきます。そして終了値になったら繰り返しを抜けます。場合によって、「変数 < 終了値」の部分が「変数 <= 終了値」になったりすることもあります。

実際に、いくつかのforの例をあげておきましょう。

●変数aが0から9まで繰り返す

```
for (let a = 0;a < 10; a++)
```

●変数nが1から10まで繰り返す

```
for (let n = 1;n <= 10; n++)
```

●変数xが10から1まで繰り返す

```
for (let x = 10;x > 0;x--)
```

用意する変数の初期値とチェックする条件、繰り返した後1増やすか減らすか。それらをよく考えてforを作成します。この書き方が使えるようになれば、for構文の便利さを実感できるはずですよ。

whileの処理をforに書き直す

では、先ほどリスト2-7-1でwhileで作成したサンプルを、forを使って書き直してみましょう。するとこのようになります。

リスト2-8-1

```
01  %%js
02  const x = 100; //☆
03  let total = 0;
04  for(let i = 1;i <= x;i++) {   ………… 1
05    total +=i;
06  }
07  let res =  x + 'までの合計は、' + total + 'です。';
08  document.querySelector("#output-area").innerHTML  = res;
```

　動作は全く同じですが、whileのときよりもだいぶすっきりと見やすくなった感じがするはずです。for部分（1）で変数iの初期化や、繰り返すごとに1増やす処理が組み込まれているため、count変数がなくなり、シンプルになっているのですね。
　forはwhileに比べると複雑そうに見えますが、基本の使い方がわかれば意外と簡単に利用できるようになりますよ。サンプルのコードを色々と書き換えてforの使い方をマスターしましょう。

予約語について
　ここまでの説明で、さまざまな働きをする単語が登場しました。var、if、forといったものですね。これらは、JavaScriptによって特別な役割が与えられたものです。こうしたものは一般に「予約語」と呼ばれます。
　予約語は、特別な扱いがされるものなので、これを例えば変数の名前などに使うことはできません。

09 配列について

　基本的な構文の使い方がわかったところで、再び「値と変数」に話を戻しましょう。変数は、値を保管するものですが、これは常に「1つの値」だけしか保管できません。しかし多量のデータを扱うような処理を書く場合、1つ1つのデータを別々の変数に代入していくのは大変です。「たくさんの値をまとめて扱える変数」が欲しいところですね。

　このような場合に用いられるのが「配列」です。配列は、多数の値に番号を割り振って管理する特殊な変数です。これは、以下のようにして作成します。

[書式] 配列の作成

```
変数 = [ 値1, 値2, ……];
```

　配列は、[ ]という記号の中に、保管する値をカンマで区切って記述します。これで、用意した値がすべて保管された配列が作成されます。

　保管された値は、[ ]記号で番号を指定することで取り出したり、変更したりできます。

[書式] 配列の値の指定

```
変数 [ 番号 ]
```

　このような形ですね。番号は、ゼロから順番に割り振られます。値が保管されていない番号を指定するとエラーになるので注意して下さい。

💡 データを合計する

　では、配列を使ったサンプルを作成してみましょう。データを配列として用意し、それを計算してみます。セルのコードを以下のように書き換えて下さい。

リスト2-9-1

```
01 %%js
02 const data = [12,34,56,78,90,97,86,75,64,53]; //☆
03 let total = 0;
04 let n = data.length;  ………… 1
05 for(let i = 0;i < n;i++) {  …………
```

```
06      total += data[i];          ┊............ 2
07   }  ..................................┊
08   const sum =    '合計は、' + total + 'です。';
09   const ave = '平均は、' + (total / n) + 'です。'  ............ 3
10   document.querySelector("#output-area").innerHTML  = sum + ave;
```

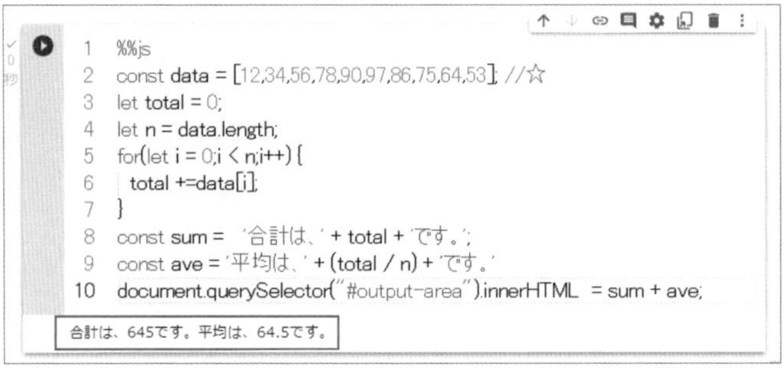

図2-9-1 「合計は、645です。平均は、64.5です。」と表示される

　これは、配列dataに保管したデータの合計と平均を計算して表示するものです。実行すると、「合計は、645です。平均は、64.5です。」と結果が表示されます。動作を確認したら、☆マークの配列dataの内容をいろいろと書き換えて動作を確認してみましょう。

　■では、配列dataと変数totalを用意した後、このような文を実行しています。

```
let n = data.length;
```

　これは、配列dataに保管されている要素の数を調べているのです。lengthは、その配列の要素数を示す値です。data.lengthというように配列名の後に.lengthをつけることで、その配列の要素数を調べることができます。

　後は、繰り返しを使ってゼロからnまで配列の値をtotalに足していき（2）、合計をnで割って平均を計算する（3）だけです。

10 配列とfor-in/for-of構文

配列などで多数の値を繰り返し処理する場合、覚えておきたいのが「もう1つの for」です。これはfor-in/for-of構文というもので、配列など多数の値が保管され ているものからすべての値を順に取り出し処理するためのものです。

[書式] for-in構文

```
for (let 変数 in オブジェクト ) {
    ……繰り返す処理……
}
```

※オブジェクトは、配列のように多数の値を扱うものです。Chapter 3で説明します。

[書式] for-of構文

```
for (let 変数 of 配列 ) {
    ……繰り返す処理……
}
```

どちらも、多数の値が保管されている配列などから順に値を取り出すものですが、 for-inは値が保管されている場所の名前（配列ならばインデックス番号）を取り 出すのに対し、for-ofは値そのものを取り出します。

例えば、['A', 'B', 'C']といった配列を繰り返し処理する場合、for-in では0、1、2とインデックス番号が取り出され、for-ofでは'A'、'B'、'C'と 値が順に取り出されます。

注意しておきたいのは、「for-ofは比較的新しい構文だ」という点でしょう。こ のため、古いバージョンのWebブラウザや、Internet Explorerでは動かないので 注意して下さい。for-inについては、こうした問題はほぼありません。

☼ forをfor-ofに書き換える

では、先ほどforで配列の合計と平均を計算したサンプルをfor-ofに書き換え てみます。

リスト2-10-1

```
01  %%js
02  const data = [12,34,56,78,90,97,86,75,64,53]; //☆
03  let total = 0;
```

```
04  for(let num of data) {
05    total +=num;
06  }
07  const sum =   '合計は、' + total + 'です。';
08  const ave = '平均は、' + (total / data.length) + 'です。'
09  document.querySelector("#output-area").innerHTML  = sum + ave;
```

　このようになりました。やっていることは全く同じですが、forの( )部分がだいぶスッキリとしてわかりやすくなっていますね。

　forでは、for(let i = 0;i < n;i++)というようにして自分で変数iの範囲を指定して実行する必要がありました。ということは、プログラムを作る側がきちんと処理していなければ、配列の全要素を正しく取り出せないことになります。取り残しがあったら、値が存在しないインデックスから取り出そうとしてエラーになることも考えられるでしょう。

　for-in/for-ofでは、そうした心配はありません。必ず配列の最初から最後まで順に取り出して処理することができます。☆の配列に用意しているデータをいろいろと書き換えて試してみて下さい。数値だけでなく、データの数を増減しても問題なく計算できることがわかりますよ。

　さあ、これでJavaScriptのもっとも基本的な文法はだいたい頭に入りました。次は、より高度な処理を作成するために必要となる、少しだけ難しい文法の説明に進みましょう。

JavaScriptの対応バージョンについて

　%%jsや%%htmlで動くJavaScriptは、Colaboratoryを動かしているWebブラウザに組み込まれているJavaScriptエンジンを使って動いています。したがって、実行されるJavaScriptのバージョンは、使っているWebブラウザによって決まります。

　WebブラウザのJavaScriptは「ECMAScript」という標準規格が策定されており、それに基づいて実装されています。Chromeの場合、現時点で最新である「ECMAScript 2021」という規格をクリアしています。これがJavaScriptのバージョンと考えていいでしょう。

　本書で掲載しているコードは、その少し前のECMAScript 2015という規格以降であれば動作するはずです。ただし、ライブラリによってはアップデートにより更に新しい規格でなければ動かなくなる可能性もあります。このあたりはライブラリによって対応が異なるので注意して下さい。もし使っているWebブラウザで動かないことがあったら、それぞれのライブラリの公開サイトで対応バージョンなどを確認しましょう。

Chapter **3**

関数とオブジェクトを
マスターしよう

この章のポイント
- 関数の基本的な使い方を覚えよう
- オブジェクトリテラルの基本をマスターしよう
- DOMオブジェクトを使ったWebページ操作について学ぼう

01 関数の基本について
02 関数の戻り値について
03 関数を変数に入れて使う
04 アロー関数を使う
05 オブジェクトについて
06 Webページと「DOM」
07 エレメント (HTMLElement) について
08 UIコントロールを使おう
09 テキスト確定のイベント
10 オブジェクトとDOMは使いながら覚えよう

01 関数の基本について

皆さんは、JavaScriptの基本的な文法については既に学習しました。これで簡単な処理を書いて動かすことはできるようになったでしょう。けれど、より複雑な処理を作成するには、これだけではちょっとまだ機能不足です。もう少し高度な文法の使い方を覚えなければいけません。それは「関数」と「オブジェクト」というものです。

まずは「関数」から説明をしていきましょう。

関数とは、プログラムのメイン部分とは別に、実行したい処理をまとめていつでも呼び出せるようにしたものです。例えば「値を表示する」という処理を考えてみましょう。これは、一度実行すればもう終わりとは限りません。複雑なプログラムでは、必要に応じて様々なところで値を表示させる必要があるでしょう。

こうしたとき、「値を表示する」という処理をどこかにまとめておいて、いつでも呼び出せるようにすることができれば大変便利ですね。これを行うのが「関数」なのです。

この関数は、以下のような形で作成します。

[書式] 関数の定義

```
function 名前 ( 引数 ) {
    ……実行する処理……
}
```

関数は、「function」「名前」「引数」「ブロック（{}部分）」という4つの要素で構成されています。この中でわかりにくいのは「引数（ひきすう）」でしょう。これは、この関数で必要になる値などを関数に渡すのに使うものです。上記の書式でいうと、(引数)部分に変数を用意しておくことで、関数を呼び出す際に、処理に必要な値をこの変数に渡して使えるようにします。一度にいくつもの値を渡すような関数では、それぞれをカンマで区切って記述します。また特に渡す値がない場合は、()だけ記述します。

作成した関数は、以下のような形で呼び出します。

[書式] 関数の呼び出し（引数が1つある場合）

```
名前 ( 値 )
```

関数の名前の後に ( ) をつけ、そこに引数で関数に渡す値を用意します。これで値を渡して関数を呼び出せるようになります。特に値を渡す必要がない場合は、( ) というようにカッコだけを記述します。

　実際に、関数の定義と呼び出し例をいくつかあげておきましょう。

[書式] 引数がない関数

```
定義例:function sample() {……}
呼び出し例:sample()
```

[書式] 引数が1つある関数

```
定義例:function hello(name) {……}
呼び出し例:hello("taro")      -------「taro」が変数「name」に渡される
```

[書式] 引数が2つある関数例

```
定義例:function login(id, pass) {……}
呼び出し例:login("hanako", "flower123")    -------「hanako」が変数「id」に、「flower123」
                                                  が「pass」に渡される
```

　いかがですか。引数の使い方が関数利用のポイントとなることがよく分かるでしょう。関数の定義で ( ) 部分に変数を用意しておき、その関数を呼び出す際、その変数に渡す値を ( ) 内に用意する必要があるのです。1つ変数があれば渡す値も1つ、2つあれば値も2つ用意してやらないといけないのです。

値を表示する関数

　では、実際に簡単なサンプルを作成してみましょう。ここでは、引数として渡した値をセルの下に表示する関数を作成して利用します。セルのコードを以下のように書いて下さい。

リスト3-1-1

```
01 %%js
02 function print(data) {
03   const old = document.querySelector("#output-area").innerHTML;
04   const output = old + '<p>' + data + '</p>';
05   document.querySelector("#output-area").innerHTML = output;
06 }
07
08 let data = 'taro';
09 print('こんにちは、' + data + 'さん。');  …………… 1
```

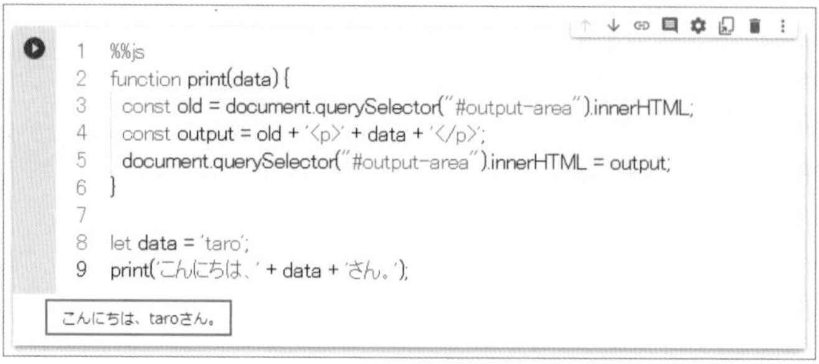

```
1  %%js
2  function print(data) {
3    const old = document.querySelector("#output-area").innerHTML;
4    const output = old + '<p>' + data + '</p>';
5    document.querySelector("#output-area").innerHTML = output;
6  }
7
8  let data = 'taro';
9  print('こんにちは、' + data + 'さん。');
```

こんにちは、taroさん。

図3-1-1　実行するとメッセージがセルの下に表示されていく

　これを実行すると、変数dataに保管されている名前を引数に使い、print関数で「こんにちは、〇〇さん。」というメッセージを出力していきます。

　では、ここで作成しているprint関数がどのようなものか見てみましょう。

```
function print(data) {
  ……関数の処理……
}
```

　定義はこのようになっていました。関数の中で実行している処理は、DOM（Document Object Model）という、JavaScriptからHTMLの要素を利用するために用意されている機能がわかっていないと理解は難しいでしょう。これは後ほど改めて説明するので（P.060参照）、今は「print関数の中で、引数に渡された変数dataの値を表示する処理が用意されている」とだけ理解して下さい。

　では、このprint関数はどのように呼び出されているでしょうか。■のようになっていました。

```
print('こんにちは、' + data + 'さん。');
```

　dataの値をテキストとつなげてprint関数の引数に指定しています。テキストの値というのは＋記号でつなげることができる、ということを思い出しましょう。この( )内の'こんにちは、' + data + 'さん。'という部分が、print関数でそのまま表示されていたのですね。

02 関数の戻り値について

　関数は、ただ用意された処理を実行して終わり、というものばかりではありません。中には「実行結果を呼び出し元に返す」というものもあります。

　例えば、金額を引数で渡すと税込価格を計算する関数を作るとしましょう。すると、計算した結果を関数の呼び出し元に渡さないといけません。このようなときに使われるのが「戻り値（もどりち）」というものです。

　戻り値は、関数から呼び出し元へ戻される値のことです。これは「return」というものを使って定義します。

[書式] 戻り値のある関数

```
function 関数 ( 引数 ) {
   ……実行する処理……
   return 値;
}
```

[書式] 戻り値のある関数の呼び出し

```
変数 = 関数 ( 値 );
```

　上のように、戻り値のある関数では、必要な処理を実行したら最後に「return 値;」というようにして値を返します。この値が戻り値になります。

　「戻り値のある関数」は、そのまま「返される値そのもの」として扱うことができます。例えば100という数字を返す関数ABCがあったら、ABC()はそのまま「100という数字」と同じものとして変数に代入したり、式の中で使ったりできます。

戻り値を利用する

　では、実際に戻り値のある関数を使ってみましょう。先ほど触れたように、「金額を引数で渡すと税込価格を計算して返す」という関数を作り、金額と結果を表示させてみます。セルの内容を書き換えましょう。なお、print関数は変更ないので先に作ったままのものを使って下さい。

リスト3-2-1

```
01  %%js
02  function print(data) {……3-1-1と同じなので省略……}
03
```

```
04  function withTax(price) {     ············· 1
05    return price * 1.1;
06  }
07
08  const prices = [1000, 2500, 5000]
09  for(let i in prices) {
10    let price = prices[i];
11    print(price + '円の税込価格は、' + withTax(price) + '円です。');   ······ 2
12  }
```

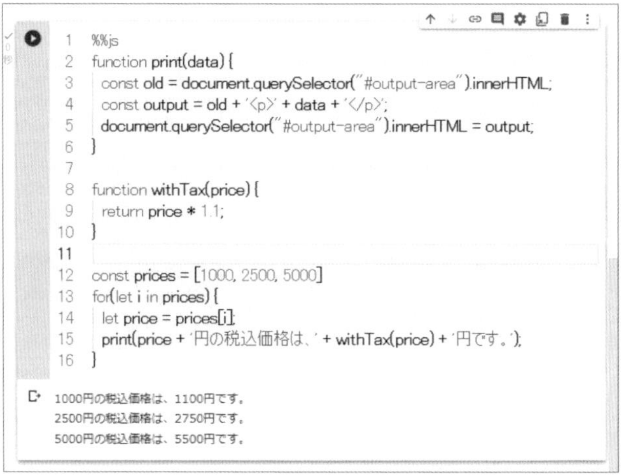

図3-2-1　税込価格をwithTaxで計算し、printで表示する

　これを実行すると、配列pricesに用意した金額の税込価格を計算して表示します。最初にprint関数を用意していますが、これはリスト3-1-1で作成したものです。そのままコピー＆ペーストして使いましょう。

　1では、withTaxという関数を作っていますね。これは、「return price * 1.1;」というように引数の値を1.1倍して返すだけのシンプルな関数です。これを使っているfor-inの部分を見てみましょう。

```
print(price + '円の税込価格は、' + withTax(price) + '円です。');
```

　print関数の中で、数値とテキストを＋でつなげたものを用意していますね（2）。その中に、値の一つとしてwithTax(price)が使われています。戻り値のある関数は、このように「返される値そのもの」として使えるのです。

03 関数を変数に入れて使う

　この関数は、実はこの他にも様々な書き方ができるようになっています。それは「値としての関数の書き方」と「アロー関数」という書き方です。ここで簡単に説明しますが、ちょっと難しいものなので、今すぐ理解する必要はありません。これらは実際に何度も使いながら少しずつ覚えていくものですから、今は「どんなものがざっと目を通しておく」ぐらいに考えておきましょう。

　では、「値としての関数の書き方」から説明しましょう。関数は、JavaScriptでは「値」として扱えるようになっています。「値として扱うってどういうこと？」と思ったでしょうが、つまり普通の値と同じように、関数を変数に代入して使えるのですね。

　これは、以下のように記述するとよくわかります。

[書式] 無名関数の定義

```
変数 = function ( 引数 ) {
    ……実行する処理……
}
```

　functionの後にあるはずの関数の名前がありません。こういうものは、「名前のない関数（無名関数、むめいかんすう）」と呼ばれます。こうして作られた関数は、そのまま変数に代入されます。そして、この変数に ( ) で引数を付けて呼び出せば、変数の中の関数が実行されるようになっているのです。

　こうして変数に入れた関数は、ただ値として保管するだけでなく、ちゃんと関数として呼び出すことができます。

[書式] 無名関数の呼び出し

```
変数 ( 値 );
```

　こんな具合に、変数の後に ()をつけて引数の指定をすれば、変数の中にある関数を実行できるのです。

関数を変数に入れて利用する

では、実際の利用例をあげておきましょう。サンプルを、変数に関数を代入して使う形に書き直してみます。

リスト3-3-1

```
01  %%js
02  const print = function(data) {  ……………  ①
03    const old = document.querySelector("#output-area").innerHTML;
04    const output = old + '<p>' + data + '</p>';
05    document.querySelector("#output-area").innerHTML = output;
06  }
07
08  let data = ['taro','hanako','sachiko'];
09  for(let i in data) {
10    print('こんにちは、' + data[i] + 'さん。');  ……………  ②
11  }
```

やっていることは全く同じです。関数を作成している部分（①）を見ると、const print = function(data)というように、定数printに関数を代入しているのがわかります。そして、これをprint(……)というようにして呼び出しています（②）。呼び出す部分を見ると、普通に関数を作成したときと全く同じであることに気がつくでしょう。関数の書き方は変わっても、使い方は全く変わらないのですね。

04 アロー関数を使う

　続いて、もう1つの「アロー関数」というものを使ってみましょう。こちらは、通常の関数に比べるとかなり変わった書き方になっています。

[書式] アロー関数の書き方

```
( 引数 )=> {
　……処理……
}
```

　functionという予約語（P.040）が使われていませんね。関数名もありません。( )で引数を用意し、その後に=>という記号を付けて、実行する処理のブロックを書くだけです。実にシンプル！

　「これ、本当に関数なの？」と思ってしまった人も多いでしょう。関数というのは、普通「function ……」という書き出しで始まります。アロー関数は、そうした関数らしい書き出しになっていません。

　( )の後に=>という矢印に見える記号がついているのがアロー関数の特徴です。ですから、「(○○)=>という形があったら、それはアロー関数だ」ということだけ、ここでしっかりと覚えておきましょう。これさえ知っていれば、アロー関数が出てきてもすぐにわかります。

　このアロー関数は、普通に関数を作って利用するような場合に使うことはほとんどありません。これは、「関数を、引数や戻り値に使う場合」に利用するものです。

　「関数は、値だ」といいましたね？　ということは、関数を引数にした関数や、関数を戻り値として返す関数だって作れることになります。こんなとき、引数やreturnの後に長々と無名関数を書くのはかなり面倒だしわかりにくいでしょう。アロー関数を使ってサクッと書ければ、見やすくわかりやすくできるのです。

　ただし、このアロー関数は比較的新しい構文であるため、古いブラウザやInternet Explorerでは動作しません。この点は、注意して下さい。

○ 関数を引数にした関数

　では、アロー関数を使ってみましょう。ここでは、関数を引数に持つ関数calcを作成し、アロー関数で渡した計算結果を表示するようにしてみます。セルのコードを以下のように書き換えましょう。

リスト3-4-1

```
01  %%js
02  function print(msg) {
03    const old = document.querySelector('#output-area').innerHTML;
04    const output = old + '<p>' + msg + '</p>';
05    document.querySelector('#output-area').innerHTML = output;
06  }
07
08  function calc(num, func) {  ············ 1
09    const result = func(num);  ············ 2
10    const msg = num + 'の実行結果は、' + result + 'です。';
11    print(msg);  ············ 3
12  }
13
14  const price =123;
15  calc(price, (p)=>{ return p * 2; });  ·········
16  calc(price, (p)=>{ return p / 2; });  ·········   4
```

123の実行結果は、246です。
123の実行結果は、61.5です。

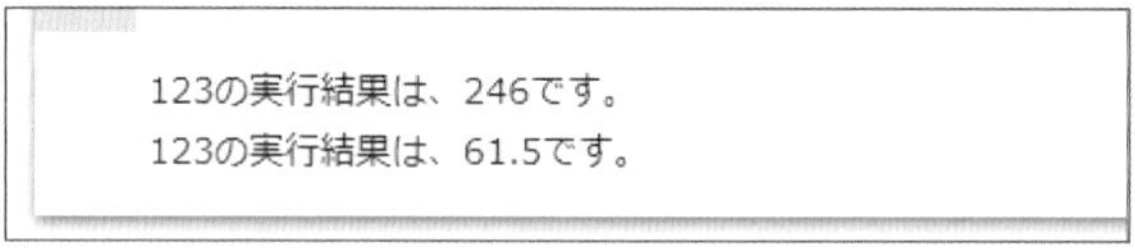

図3-4-1　実行すると、関数を引数にしてprintを呼び出し、結果を表示する

　ひと目見て「わからない！」と拒否反応を示した人もいることでしょうが、まぁ
落ち着いて下さい。先に述べたように、このアロー関数というのは「JavaScriptの
関数機能でもっとも難しい部分」です。したがって、ひと目見て理解できなくとも
全く問題ありません。ここでは理解するよりも、「アロー関数というのがどのように
使われているのか」という具体例を眺めるつもりで読んで下さい。

　これを実行すると、「○○の実行結果は××です。」といったメッセージが出力さ
れます。ここでは定数priceの値を使い、2倍と2分の1の計算をした結果を表示し
ています。

　1では、calc関数を以下のように用意しています。

```
function calc(num, func)
```

　numは数値、funcが関数です。このcalc関数の中では、func(num)というよ
うにしてfunc関数にnumを引数にして実行し（2）、その結果をprint関数で表
示しています（3）。

　では、このcalc関数がどのように実行されているのか見てみましょう（4）。

```
calc(price, (p)=>{ return p * 2; });
calc(price, (p)=>{ return p / 2; });
```

　2つの引数に数値（price）と関数（(p)=>{ return p * 2; }、(p)=>{ return p / 2; }）を指定しています。この関数の部分に値として用意しているのがアロー関数です。このアロー関数は、普通の関数になおすとこのようになります。

```
(p)=>{ return p * 2; }
```

```
function(p) {
  return p * 2;
}
```

　こうすると、関数の働きがよくわかりますね。わかりますが、このfunction〜という書き方で書いた関数をprintの引数に用意したら、何をやっているのかさっぱりわからないでしょう。アロー関数というシンプルな関数を使うからこそ、「引数に関数を書く」ということが可能になるのです。
　ただし、実際にこのような例をあげても、皆さんの多くは「一体、何がどうなっているのか全然わからない」と感じているかもしれません。

　引数や戻り値に関数を使うというのは、かなりな高等テクニックなのです。こうした関数は一般に「高階関数」と呼ばれており、プログラミング技術の中でもかなり理解が難しいものです。ですから、今すぐこうした使い方をマスターする必要はありません。
　ここでは「アロー関数というものがあって、このように関数が書けるんだ」ということだけわかれば十分です。アロー関数を使う必要が出てきたら、そのときにここに戻ってきて、改めて使い方や働きを学び直せばいいでしょう。

05 オブジェクトについて

　関数は、よく使う処理をメイン部分から切り離し、いつでも利用できるようにしたものです。関数でいろいろな処理をまとめられるようになると、今度は「データもメイン部分から切り離してまとめたい」と考えるようになるでしょう。

　例えば、多数のデータを扱って計算処理を行うような場合を考えてみましょう。こんな時、計算処理を関数にするだけでは、まだ足りません。計算処理に必要なデータ類もすべて関数と一緒にひとまとめにすることができれば、遥かにわかりやすく使いやすくなるでしょう。

　この考え方を推し進めたのが「オブジェクト」というものです。オブジェクトは、「データ（変数）」と「処理（関数）」を一つにまとめたものです。何かはっきりとした目的があった時、それを実現するのに必要なデータと処理を全てひとまとめにしておきたい、そういう場合にオブジェクトが使われます。

　オブジェクトに用意される2つの要素（データと処理）は、それぞれ以下のように呼ばれます。

プロパティ	データ（値）を保管する要素です。一般の変数と同じような役割を果たします
メソッド	処理を設定する要素です。これは、「関数が設定された変数」と同じような役割を果たすものです

　このようにオブジェクトは、プロパティとメソッドの2つで構成されます。この2つの使い方をマスターすれば、オブジェクトは簡単に使えるようになります。

ﾟ オブジェクトリテラルについて

　では、このオブジェクトはどのようにして作るのでしょうか。作り方は、実はいくつもの方法があるのですが、一番の基本は「オブジェクトリテラル」と呼ばれるものを使った方法でしょう。

　オブジェクトリテラルというのは、「オブジェクトを値として記述したもの」です。JavaScriptには、オブジェクトを値として書く方法が用意されていて、この方式でオブジェクトを書くことができます。

[書式] オブジェクトリテラルの書き方

```
{ 要素1: 値1, 要素2: 値2, ……}
```

オブジェクトリテラルは、{ } の中に、そのオブジェクトに用意される内容を記述していきます。これらは、用意する要素の名前と、それに設定する値をコロンでつなげて記述します。複数の要素を保つ場合はそれぞれをカンマで区切って記述します。

値を保管する「プロパティ」は、そのまま「名前：値」という形で記述します。処理を保管する「メソッド」は、値の部分に関数（無名関数）を用意することで、その処理が設定されます。こんな感じですね。

```
{
  プロパティ名: 値,
  メソッド名: function(){ 処理 },
  ……
}
```

オブジェクトに用意する項目は、このように1つずつ改行して書いてもかまいません。特にメソッドなどは1行にまとめて書くとわかりにくいので適時改行しながら書くと良いでしょう。

💡 オブジェクトを使おう

では、実際に簡単なオブジェクトを作って利用してみましょう。簡単なデータを持つオブジェクトを作成し、その内容を出力させてみます。セルのコードを修正しましょう。

リスト3-5-1

```
01  %%js
02  function print(val) {  …………  １
03    const old = document.querySelector('#output-area').innerHTML;
04    const output = old + '<p>' + data + '</p>';
05    document.querySelector('#output-area').innerHTML = output;
06  }
07
08  const taro = {  …………  ２
09    name: 'Taro',  ……………
10    mail: 'taro@yamada',  ⋮…… ３
11    age: 39,  ……………………⋮
12    getData: function() {  …………  ４
13      return this.name + '{' + this.mail + '} [' + this. age + ']';
14    }
```

```
15  }
16
17  print(taro.getData());  ·············· 5
```

```
 7  const taro = {
 8    name: 'Taro',
 9    mail: 'taro@yamada',
10    age: 39,
11    getData: function() {
12      return this.name + '{' + this.mail + '}' + '[' + this.age + ']';
13    }
14  }
15
16  print(taro.getData());
17
```
Taro{taro@yamada} [39]

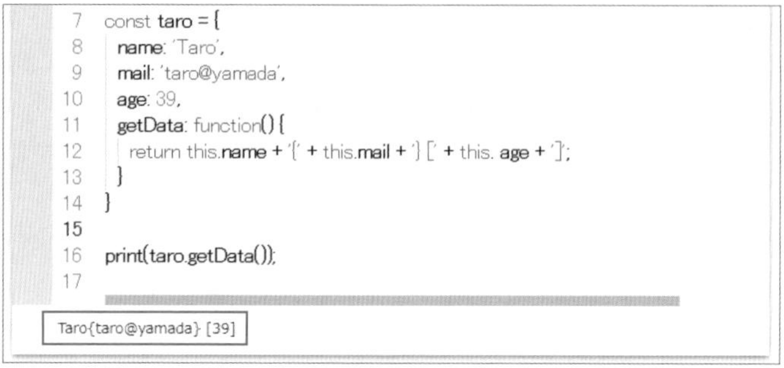

図3-5-1　実行すると、「Taro {taro@yamada} [39]」と出力できた

　ここでは、print関数（**1**）、taroオブジェクト（**2**）といったものを用意し、それらを最後にprint(taro.getData());としてまとめて利用しています（**5**）。これを実行すると、セルの下に「Taro {taro@yamada} [39]」と表示されます。これが、ここで作成したtaroオブジェクトの内容です。

　taroオブジェクトでは、name、mail、ageといったプロパティを用意し、それぞれに値を設定しています（**3**）。また、getDataメソッドを用意し（**4**）、name、mail、ageといった要素の値をまとめて取り出せるようにしています。

　作成したtaroオブジェクトの内容を表示するのに、**5**のようにしてprint関数を使っていますね。

```
print(taro.getData());
```

　これで、taroオブジェクトのgetDataメソッドから返された値をprintで表示しています。オブジェクト内にあるプロパティやメソッドは、このように「オブジェクト. 名前」というようにオブジェクトの後にドットを付けてプロパティやメソッドを記述しています。メソッドの場合は、関数と同じようにメソッド名の後に( )で引数を指定します。

thisについて

▲では、getDataというメソッドで、オブジェクトに用意されているname、mail、ageの値をまとめて取り出せるようにしています。それを見ると、以下のような値を返していますね。

```
return this.name + ' &lt;' + this.mail + '&gt; [' + this. age + ']';
```

ここでは「this」という値が使われています。これは、「このオブジェクト自身」を示す特別な値です。

このgetDataメソッドでは、オブジェクトにあるname、mail、ageといったプロパティの値を一つにまとめています。その際に、this.nameというようにして「このオブジェクト自身のnameプロパティ」を取り出すようにしているのですね。

06 Webページと「DOM」

　オブジェクトは、JavaScriptではあらゆるところで使われています。オブジェクトは、自分で作ることはもちろんありますが、それ以上に「用意されているオブジェクトを利用する」ということが多いのです。

　JavaScriptではWebページを操作するのに「DOM」というものを使います。ここまで何度かこの言葉が登場していましたね。DOMとは「Document Object Model」の略で、JavaScriptからWebページのHTML要素にアクセスするための仕組みです。WebブラウザのJavaScriptでは、Webページを構成するHTMLの要素がすべてDOMのオブジェクトとして用意されています。Webページを JavaScriptから操作したければ、操作するHTML要素のDOMオブジェクトを取り出して、そこにあるプロパティやメソッドを呼び出して操作するようになっているのです。

　ですから、オブジェクトというものが理解し、基本的な使い方がわかったら、次はこの「DOMオブジェクト」の利用について覚えていくことになるでしょう。

 ## documentオブジェクトについて

　DOMでは、Webブラウザで表示されているWebページのさまざまな要素をオブジェクトとして提供しています。その中心となるのが「document」というオブジェクトです。

　documentオブジェクトは、Webページに表示されているドキュメントそのものを示すオブジェクトです。この中に、表示を構成する様々な要素がオブジェクトとして組み込まれているのです。例えば、Chapter 2（P.023）で説明したように、Webページというのはこのような形で書かれています。

```
<html>
  <head>
  ……ヘッダー情報……
  </head>
  <body>
  ……表示内容……
  </body>
</html>
```

この<html>から</html>までのHTMLで作られているWebページ全体が、DOMでは「document」というオブジェクトとして用意されているわけです。HTMLでは、<html>の中に<head>や<body>といった要素がありますが、これらは、document内の「head」「body」というプロパティにオブジェクトとして用意されています。document.bodyとすれば、<body>のDOMオブジェクトが得られるようになっているのですね。

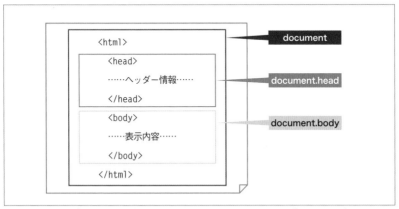

図3-6-1　DOMオブジェクトの基本部分。document、head、bodyといったオブジェクトが用意されている

07 エレメント (HTMLElement)について

　<head>や<body>といったものだけでなく、Webページには、他にもさまざまなHTML要素が使われています。<body>内には、<h1>や<p>などテキストを表示するものや、<img>のようにイメージを表示するもの、<form>のようにフォームを作成するものなどもあります。

　これらは「エレメント (HTMLElement)」というDOMオブジェクトとして用意されています。Webページに表示されている要素をJavaScriptから操作したいときは、その要素のDOMオブジェクトであるHTMLElementオブジェクトを取り出して利用することになります。

　このオブジェクトの取り出し方は、いくつかの方法が用意されています。以下にもっともよく使われるものをあげておきましょう。

●document.getElementById(値)

　HTML要素の id 属性の値を指定してエレメントを取り出すメソッドです。これを使うには、例えば<p id="xx">というように id 属性の値が用意されていなければいけません。

●document.querySelector(値)

　これは、CSS(スタイルシート)で使われている「CSSセレクタ」と呼ばれるものを使ってHTMLタグのエレメントを取得するメソッドです。CSSセレクタは、CSSでスタイルを作成する際に用いられている、要素を指定するための書き方です。

　エレメントの取得は、上の2つのいずれかで、id 属性を使って取り出すのが一般的です。取り出して利用する方法だけはしっかりと覚えておきましょう。

---

id属性って何?

　HTMLの要素には、その要素の特徴などを示す「属性」というものを付けることができます。中でも id 属性は、その要素を識別するのに使われるもので、これによりJavaScriptからその要素を取り出して操作できるようになります。id 属性は以下のような形で指定します。

```
<p id="output-area"> … </p>
```

💡 エレメントの表示内容を操作する

　エレメントには、エレメントの表示や働きに関するプロパティとメソッドがいろいろ用意されています。まず覚えておきたいのは、そのエレメントに対応するHTML要素に表示されている内容に関するものでしょう。なお、以下で《 》で囲んでいる部分は、オブジェクトであることを意味しています。

表示内容（テキスト）のプロパティ

```
《HTMLElement》.textContent
```

表示内容（HTMLコード）のプロパティ

```
《HTMLElement》.innerHTML
```

　これらは、どちらもエレメントの内容を示すプロパティです。テキストとして表示内容を扱いたい場合は「textContent」を使います。またHTMLのコードとして扱いたい場合は「innerHTML」を使います。

💡 print関数、再び！

　このinnerHTMLは、実は既に利用しています。そう、リスト3-1-1（P.052）の中で作成したprint関数です。このようになっていましたね。

```
function print(data) {
  const old = document.querySelector("#output-area").innerHTML;  …… 1
  const output = old + '<p>' + data + '</p>';  …… 2
  document.querySelector("#output-area").innerHTML = output;  …… 3
}
```

　これは、一体どのようなことを行っていたのでしょうか。順に内容を説明しましょう。どのようにして値を表示していたのかがわかるでしょう。

1. id="output-area"のエレメント取得

```
document.querySelector("#output-area")
```

　1では、querySelectorメソッドを使ってエレメントを取り出しています。これはCSSセレクタを使ってエレメントを取り出すものでしたね。引数には、

"#output-area"とあります。これは、id属性に"output-data"と設定され
ていることを示します。最初に#がついていると、それはidの値を示すものとして
扱われるのです。

2. innerHTMLを取り出す

■では、その取り出したエレメントのinnerHTMLの値を定数oldに取り出して
います。これで、id="#output-area"のエレメントに組み込まれているHTML
コードが取り出されます。

3. コードを追加してinnerHTMLに設定

②では取り出したコードの後に、<p>〇〇</p>という形でHTMLコードを付け
足します。そして再びid="output-area"のエレメントのinnerHTMLに値を
設定します（③）。これで、元のコードの最後に<p>タグに挟まれたdataが追加さ
れ、表示されるようになります。

---

id="output-area"って何？

ここでは、querySelectorを使って、id="output-area"というタグのエレメントを取
り出しています。これは、セルの下にある結果の表示エリアのためのタグなのです。Colaboratory
ではiframeという機能を使って、それぞれのセルごとに別々のドキュメントを組み込んでい
ます。その中で、id="output-area"として結果を表示するためのタグが用意されているの
です。このタグ内に値を設定すれば、それがセル下の結果表示エリアに表示されます。

08 UIコントロールを使おう

　HTMLの要素を操作する基本的な方法はこれでわかりました。HTMLには、ユーザーが操作するためのコントロール類も用意されています。これらを利用について考えましょう。

　まず、入力のためのコントロールを利用するには、大きく2つのことを理解する必要があります。この2点を理解すれば、UIコントロールをJavaScriptから利用できるようになります。

入力した値を利用する

　まず理解すべきは、「ユーザーが入力した値」の利用についてです。UIコントロールの多くは、ユーザーから入力をしてもらうためのものです。したがって、入力した値をどう取り出し利用すればいいか、知っておく必要があります。

　これは、実は非常に簡単です。ほとんどのコントロールは、「value」というプロパティで現在の値を得ることができます（一部、例外はあります）。コントロールとして最もよく利用するのは〈input〉を使った入力フィールドですが、これは〈input〉のエレメントを取得し、そのvalueプロパティの値を調べれば入力された値がわかります。

　例えば、id="msg"という〈input〉があったとしましょう。これにユーザーが記入した値は、以下のようにして取り出すことができます。

```
document.querySelector('#msg').value
```

操作を認識する

　例えばプッシュボタンなどは、ユーザーがクリックすると処理を実行します。そうした「ユーザーの操作」をどのようにして認識し処理を実行するか理解する必要があります。

　これは、「イベント用の属性」を利用します。イベントというのは、ユーザーの操作や状況の変化などに応じて発生する信号のようなものです。UIコントロールのタグには、ユーザーの操作に応じて呼び出されるイベント用の属性が用意されています。

　例えば、プッシュボタンのHTML要素（〈button〉や〈input type="submit"〉など）には、ボタンをクリックしたときのイベント用属性として

「onlick」が用意されています。ここにJavaScriptの処理を書いておけば、ボタンをクリックするとそれが呼び出されます。例えばクリックしたら、あらかじめ用意しておいたdoActionという関数を実行するボタンを作りたければ、<button>タグを使って以下のように記述すればいいでしょう。

```
<button onclick="doAction();">
```

入力フィールドとボタンを使おう

では、実際にユーザーに値を入力してもらい、それを利用する処理を作ってみましょう。以下のようにセルに記述をして下さい。すべての行が新しい内容ですが、赤文字にはしていません。

リスト3-8-1

```
01  %%html
02  <h4 id="msg">お名前は？</h4>        ┄┄┄┄┄┄┄┄┄┄┄┄┄┄
03  <input type="text" id="data">      ┄┄┄ ■
04  <button onclick="doAction();">Click</button>  ┄┄┄┘
05  <script>
06  function doAction() {
07    const data = document.querySelector('#data').value;  ┄┄┄┄┄ ■2
08    const res = 'こんにちは、' + data + 'さん！';   ┄┄┄┄ ■3
09    document.querySelector('#msg').textContent = res;  ┄┄┄┄ ■4
10  }
11  </script>
```

図3-8-1　入力フィールドの名前を書いてボタンを押すと、メッセージが表示される

今回は、HTMLのUIコントロール関係の要素をいくつも用意する必要があるため、%%htmlを使ってHTMLコードとして記述をしています。コードを実行すると、セルの下に入力フィールドとボタンが表示されます。フィールドに名前を書いてボタンを押すと、「こんにちは、〇〇さん！」とフィールドの上に表示されます。

■1では、JavaScriptから利用される3つのHTML要素が記述されています。

```
・メッセージを表示する
<h4 id="msg">お名前は？</h4>

・名前を入力する
<input type="text" id="data">

・クリックして実行する
<button onclick="doAction();">
```

　メッセージを表示する<h4>は、id属性を指定してエレメントを取り出せるように
してあります。表示する内容はJavaScript側で設定します。名前を入力するた
めの<input>も、id属性でエレメントを取得できるようにしてあります。
　クリックで処理を実行する<button>には、onclick属性を用意しています。
その値には、"doAction();"としていますね。これでdoAction関数が実行さ
れるようになります。

doActionの処理

　では、<script>に用意しているdoAction関数を見てみましょう。ここでは、
3行の処理を実行しています。簡単に説明しましょう。

1. id="data"のエレメントの値を変数に取り出す（**2**）

```
const data = document.querySelector('#data').value;
```

2. 変数を元に、表示するメッセージを作成する（**3**）

```
const res = 'こんにちは、' + data + 'さん！';
```

3. id="msg"のエレメントの表示テキストにメッセージを設定する（**4**）

```
document.querySelector('#msg').textContent = res;
```

　入力フィールドの値は、id="data"のエレメントからvalueプロパティの値を
取り出せば得られます。そしてメッセージの表示は、id="msg"のエレメントの
textContentに値を設定して行えます。valueとtextContentがわかれば、
このようにUIコントロールを利用して処理を行い、結果を表示することができるの
です。やり方さえわかってしまえば、意外と簡単ですね！

09 テキスト確定のイベント

　ボタンクリックのイベントがわかったら、もう1つイベントを使ってみましょう。それは、〈input〉のフィールドで、値が変更されたときの処理です。リスト3-8-1のコードを以下のように書き換えて実行して下さい。

リスト3-9-1

```
01  %%html
02  <h4 id="msg">please type...</h4>
03  <input type="text" id="data" onchange="doType();">  ············ 1
04  <script>
05  function doType() {
06    const old = document.querySelector('#msg').innerHTML;  ········
07    const data = document.querySelector('#data').value;  ···········  2
08    const res = old + '<p>TYPE: ' + data + '</p>';  ············  3
09    document.querySelector('#msg').innerHTML = res;  ············  4
10    document.querySelector('#data').value = '';
11  }
12  </script>
```

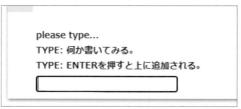

please type...
TYPE: 何か書いてみる。
TYPE: ENTERを押すと上に追加される。

図3-9-1　入力フィールドにテキストを書いて［Enter］を押すとテキストが追加表示される

　実行すると、入力フィールドがセルの下に表示されます。ここにテキストを書き、［Enter］キーまたは［Return］キーを押すと、その上に「TYPE: ○○」というように入力テキストが追加されます。

onchangeイベントについて

　1では、〈input〉要素に「onchange」という属性を用意しました。これは、onchangというイベントで実行される処理を指定するものです。
　このonchangeイベントは、このエレメントの値（value）が変更された際に発生するものです。ただし、値を記入している最中ではなく、入力が確定したとき

に発生します。[Enter]キーを押したり、他のフィールドをクリックしてインサーションポイントがフィールドから失われるとイベントが発生します。

このonchangeを利用すると、「入力したら何かを実行する」というとき、ボタンを用意せず入力フィールドだけで処理を実行できるようになります。

💡 doTypeの働き

では、onchangeから実行しているdoTypeという関数が何をしているのか簡単に説明しておきましょう。

ここでは、id="msg"の内容と、id="data"に入力された値をそれぞれ変数に取り出しています（②）。そしてこれらの値を使って表示するテキストを作成して変数resに設定し（③）、これをid="msg"に表示しています（④）。最後にid="data"の入力値を空にします（⑤）。

ここでは、入力された値が追記されていくようになっていますが、これはid="msg"の内容に新しい値を付け加えて再表示しているためです。oldの後に入力された値を付け足せば下に追加されますし、oldの前に付け足せば上に追加されていくようになります。

変数resの値がどう作成されているのか考え、いろいろと書き換えて表示がどうなるか試してみると面白いでしょう。

10 オブジェクトとDOMは使いながら覚えよう

　これで、WebページをJavaScriptから利用するための必要最低限のことを学びました。簡単に整理しておきましょう。

---

1. Webページ全体は、documentというオブジェクトとして用意されている。
2. WebページにあるHTML要素は、documentのgetElementByIdやquerySelectorといったメソッドを使ってエレメント（HTMLElement）として取得する。
3. UIコントロールの入力値は、HTMLElementのvalueプロパティで取得する。
4. HTML要素の内容は、textContentやinnerHTMLプロパティで操作できる。
5. ボタンクリックの処理は、onclick属性に実行する文を記述して作る。
6. 入力フィールドの入力は、onchange属性を使うことで、値が確定したときに処理を実行できる。

　これらが一通りわかれば、「入力フィールドで値を入力し、ボタンをクリックして何かを実行して結果をHTML要素に表示する」という基本的なWebページの操作が行えるようになります。

　JavaScriptは非常に幅広く使われている技術です。またHTMLに用意されている要素もここでは一部しか使っておらず、まだまださまざまな要素が用意されています。もし、あなたの目標が「WebページをJavaScriptで高度に操作していけるようになりたい」ということなら、Webページの利用で覚えるべきことはまだまだたくさんあります。

　けれど、「JavaScriptを、仕事や学習などにいろいろと活かしていきたい」というのであれば、Webページの操作は基本がわかればそれで十分でしょう。それより、仕事に使えるさまざまな機能（ライブラリなど）の使い方を学んだほうがメリットは大きいはずです。

　というわけで、JavaScriptとWebページ利用の基本はこれで終わりにします。足りないことがあれば、その都度説明していくことにして、次から「使えるライブラリ」について学んでいくことにしましょう。

Chapter **4**

Jspreadsheetで Excelライクなテーブルを 活用しよう

この章のポイント
・Jspreadsheetの基本コードを覚えよう
・データと列の初期設定方法をマスターしよう
・テーブルの保存を行えるようになろう

01　スプレッドシートとJspreadsheet
02　スプレッドシートを表示する
03　空のテーブルを作るには？
04　テーブルの内容を保存する
05　CSVデータを読み込む
06　様々なデータ入力
07　数式（フォーミュラ）について
08　セルを操作する
09　行・列のデータをまとめて扱う
10　フィルターについて
11　データの再現と出力を中心に

01 スプレッドシートと Jspreadsheet

　業務でレポートなどを作成する場合、Markdownが使えるColaboratoryは意外と便利に使えます。もちろん、フォーマットなどが決まっているような場合は別ですが、簡単なレポートやドキュメントをささっとまとめて課内で回覧する、などといった用途には適しているでしょう。

　しかし、Colaboratoryで業務レポートを作成しようとすると業務に必須の「データの表示」をどうするか考えなければいけません。Markdownでテーブルを書くことはできますし、HTMLで<table>タグを使うこともできますが、しかし一般のスプレッドシートなどに比べると見劣りがするでしょう。もっとスプレッドシートと同じぐらいに使えるデータ管理機能がほしいところですね。

　こうした用途に役立つのが、「Jspreadsheet」というJavaScriptライブラリです。これを利用することで、データをスプレッドシートのような一覧データにまとめることができます。

　このJspreadsheetは、HTMLのコードに以下のタグを書くことで使えるようになります。

リスト4-1-1

```
01 <script src="https://bossanova.uk/jspreadsheet/v4/jexcel.js"></script>
02 <link rel="stylesheet" href="https://bossanova.uk/jspreadsheet/v4/ ⊟
   jexcel.css" type="text/css" />
03
04 <script src="https://jsuites.net/v4/jsuites.js"></script>
05 <link rel="stylesheet" href="https://jsuites.net/v4/jsuites.css" ⊟
   type="text/css" />
```

　これらは、あらかじめどこかに記述しておいて、コピー&ペーストして使えるようにしておくと良いでしょう。Jspreadsheetを利用する際は常に必要になりますから、いつでも使えるようにしておきたいところです。

JavaScriptライブラリとCDN

　今回、Jspreadsheetを利用するために使っている<script>タグは、「CDN」と呼ばれるサービスを利用しています。これはContent Delivery Networkの略で、各種オープンソースのコンテンツを無料で配信するサービスです。<script>でこのCDNで公開しているライブラリのURLを指定するだけで、そのコンテンツを読み込み利用できるようになります。

　本書では、これからさまざまなライブラリを紹介していきますが、いずれも「CDNを使い、<script>タグを書くだけで使えるようになる」というものです。Colaboratoryで%%htmlを使ってライブラリを利用できるようにするためには、CDNで配信されているものを使うのがもっとも簡単です。

Jspreadsheetの基本コード

　では、Jspreadsheetはどのように利用するのでしょうか。これは、実は意外に簡単です。以下のように書けばいいのです。

```
jspreadsheet( エレメント , データ );
```

　1つ目の引数には、スプレッドシートを表示するHTML要素のエレメントを指定します。これは、〈div〉などを用意しておき、そのエレメントを、querySelectorなどを使って取り出せばいいでしょう。

　2つ目には、スプレッドシートで表示する情報をオブジェクトにまとめたものを指定します。この部分が、Jspreadsheetのもっとも重要かつ難解な部分になります。このオブジェクトにどのような値を用意するかで、Jspreadsheetで作成する表の内容が決まります。

 ## 基本的なデータ構造

　では、第2引数に指定するデータをどのように作成するのが説明しましょう。これは非常に多くの項目が用意されていますが、最低限必要なものに限ると以下のような形になるでしょう。

jspreadsheet 利用時の第2引数

```
{
  data: データ（2次元配列）,
  columns: 列の設定情報
}
```

　dataに、表示するデータを用意します。これは「2次元配列」というものを使います。配列というのは既に説明しましたね？（P.041参照）　多数の値を1つにまとめて扱うものでした。保管する値にはテキストや数値などが用意されますが、実を言えば「配列」も保管することができます。つまり、「複数の配列をひとまとめにした配列」というものも作れるのです。「配列の配列」ですね。これが「2次元配列」です。これは以下のような形をしています。

```
[
  [ 値1, 値2, 値3, ……],
  [ 値1, 値2, 値3, ……],
  ……
]
```

　配列の中にあるそれぞれの配列を改行して書くと、このように縦横に値が並ぶ表のような形になっているのがわかるでしょう。表のデータをまとめて扱うのには、この2次元配列は最適なのです。

　もう1つの「columns」には、表示する列の設定情報を配列にまとめたものが用意されます。列に関する情報は、以下のようなオブジェクトとして用意します。

```
{
  type: データの種類,
  title: タイトル,
  width: 横幅,
}
```

　これも必要最低限の項目だけをまとめています。このように記述した列の設定オブジェクトを配列にまとめたものが columns に用意されるのです。

02 スプレッドシートを表示する

　では、Jspreadsheetの書き方がわかったら、実際にスプレッドシートを表示してみましょう。以下では赤文字にしていませんが、すべての行を新しい内容として書いてください。

リスト4-2-1

```
01  %%html
02  <script src="https://bossanova.uk/jspreadsheet/v4/jexcel.js"></script>
03  <link rel="stylesheet" href="https://bossanova.uk/jspreadsheet/v4/ ⏎
    jexcel.css" type="text/css" />
04  <script src="https://jsuites.net/v4/jsuites.js"></script>
05  <link rel="stylesheet" href="https://jsuites.net/v4/jsuites.css" ⏎
    type="text/css" />
06
07  <h3>Jspreadsheet spreadsheet!</h3>
08  <div id="spreadsheet"></div>  ·············· 1
09
10  <script>
11  const data = [  ·····································
12    ['taro', 'taroyamada', 39],
13    ['hanako', 'hanako@flower', 28],  ┊····· 2
14    ['sachiko', 'sachiko@happy', 17],
15  ];·················································
16
17  const target = document.getElementById('spreadsheet');  ·············· 3
18
19  jspreadsheet(target, {  ·············· 4
20    data:data,  ·········· 5
21    columns: [  ···················
22      {                        ┊
23        type: 'text',          ┊
24        title:'Name',          ┊
25        width:100              ┊
26      },                       ┊
27      {                        ┊
28        type: 'text',          ┊
29        title:'Mail',  ┊····· 6
30        width:200              ┊
31      },                       ┊
32      {                        ┊
33        type: 'numeric',       ┊
34        title:'Age',           ┊
35        width:50               ┊
36      },                       ┊
```

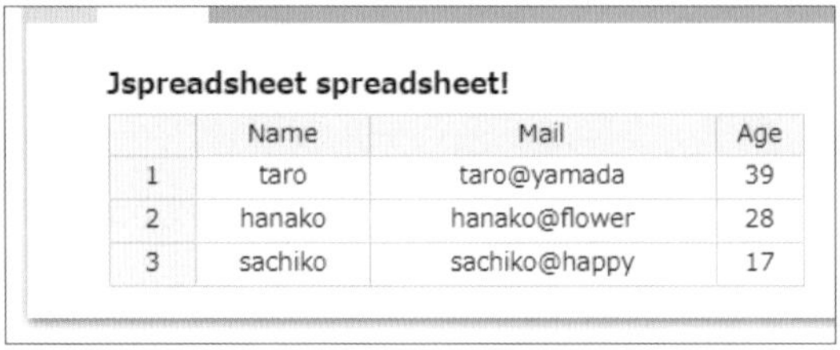

```
37    ],    ⋯⋯⋯⋯⋯⋯⋯⋯⋯⋯⋯⋮
38  });
39  </script>
```

	Name	Mail	Age
1	taro	taro@yamada	39
2	hanako	hanako@flower	28
3	sachiko	sachiko@happy	17

図4-2-1　実行するとスプレッドシートのような表が表示される

　これをセルに記述し実行してみて下さい。セルの下に、「Name」「Mail」「Age」という列からなる表（テーブル）が作成されます。シンプルですが見やすいテーブルですね。

💡 テーブルは編集できる！

　「要するに、ただきれいなテーブルを表示するだけなのか」と思った人。テーブルを作るだけなら、わざわざJavaScriptを使う必要はありません。Markdownや HTMLで十分です。このJspreadsheetが作るのは、ただの表ではありません。「スプレッドシート」なのです。
　試しに、表示されている項目のどれかをダブルクリックして下さい。その項目が選択され、値が編集できるようになります。Jspreadsheetの表は、このようにその場で内容を編集することができるのです。

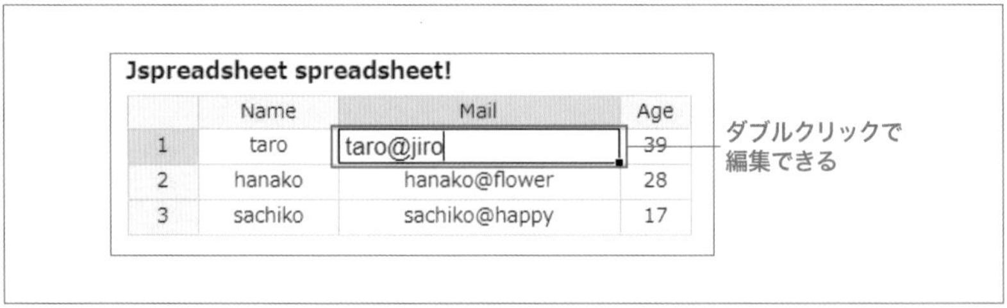

ダブルクリックで編集できる

図4-2-2　表の項目をダブルクリックすると値を編集できる

　また、テーブルの行や列を追加・削除することもできます。適当な行を選択し、マウスを右クリックして下さい。行の操作に関するメニューが表示されます。ここから「Insert a new row before」「Insert a new row after」といったメニュー

を選べば、選択した行の前後に新しい行を挿入できます。また、「Delete selected rows」メニューを選べば行を削除できます。

　同様に、列を選択して右クリックすれば、列の挿入・削除のためのメニューが表示されます。

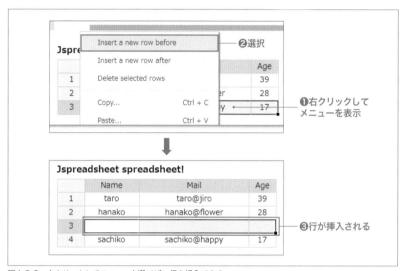

図4-2-3　右クリックしてメニューを選べば、行を挿入できる

データの2次元配列

　では、作成したコードの内容を改めてチェックしましょう。まず②では、表示するデータを定数dataとして以下のように作成しています。

```
const data = [
  ['taro', 'taro@yamada', 39],
  ['hanako', 'hanako@flower', 28],
  ['sachiko', 'sachiko@happy', 17],
];
```

　見ればわかりますが、data配列の中には、3つの配列がまとめられています。そして各配列の中には、名前・メールアドレス・年齢といったデータが用意されています。この各配列の内容が、Jspreadsheetで作成されるテーブルの各行に表示されるのです。

　用意されたデータは、以下のようにしてJspreadsheet関数で使われています。

```
jspreadsheet(target, {    ·············· 4
  data:data,    ············· 5
  columns: [······],    ············· 6
});
```

　第1引数には、表示するエレメントとして事前に用意しておいた<div>要素（**1**）
が代入されている変数target（**3**）を指定します（**4**）。第2引数のdataの値と
して、**2**で作成した定数dataが使われています（**5**）。そして、その後のcolumns
に、各列の値の種類や表示などに関する設定情報をオブジェクトにまとめて配列に
したものが指定されています（**6**）。この列の設定情報のオブジェクトは、以下のよ
うに記述されています。

```
{
  type: 'text',
  title:'Name',
  width:100
},
```

　typeには'text'が指定されています。これは、テキストの値であることを示
すものです。このようにtypeと、見出しとして表示するtitle、そして横幅を示
すwidthといった値をひとまとめにして列情報オブジェクトは作成されます。
　リスト4-2-1では、名前とメールアドレスにはtextが、そして年齢にはnumeric
がtypeとして設定してありました。もっともよく利用するtypeはこの2つ（text
とnumeric）ですから、まずこれらをしっかり覚えましょう。

03 空のテーブルを作るには？

　このようにJspreadsheetは、ただデータを表にして表示するだけでなく、スプレッドシートとしてちゃんと使えるものであることがわかりました。

　ならば、テーブルだけをJavaScriptで作り、後はユーザーが必要に応じて入力して利用する、というやり方でも結構便利に使えそうですね。

　ではデータがない「空のテーブル」を作成するコードを考えてみましょう。先ほどのリスト4-2-1で、＜script＞～＜/script＞の部分を以下のように書き換えて下さい。

リスト4-3-1

```
01  <script>
02  const target = document.getElementById('spreadsheet');
03
04  jspreadsheet(target, {
05    data: [[],[],[],[],[],[],[],[],[],[],],
06    columns: [[],[],[],[],[],[],[],[],[],[],],
07  });
```

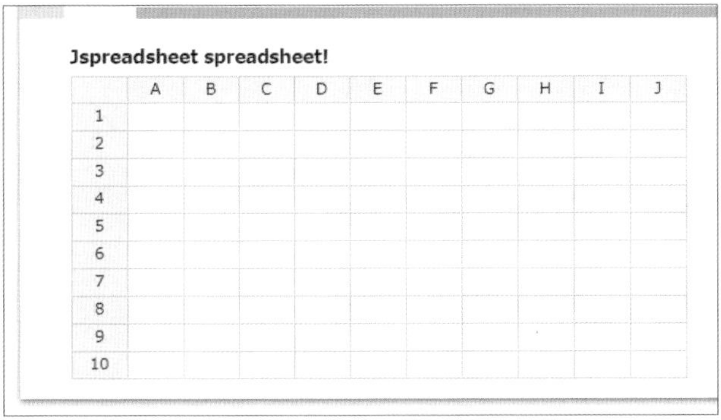

図4-3-1　10×10のテーブルを作成する

　これを実行すると、10×10の大きさでテーブルが作成されます。そのままセルをクリックして入力をしていけば、自由にデータを記述できます。デフォルトでは列の横幅が狭いのですが、これも列と列の間部分をドラッグして広げることが可能です。

その場でテーブルに値を入力できることがわかると、次には、作成したテーブルを保存して利用できるようにしたいと考えるでしょう。

テーブルの保存は、Jspreadsheetの「download」というメソッドを使います。

表示内容（テキスト）のプロパティ

```
《Jspreadsheet》.download();
```

このdownloadを実行すると、その場で保存ダイアログが開き、ファイルを保存できるようになります。では、実際にやってみましょう。

先ほど作成したサンプルをまた修正して利用します。冒頭の5行のタグ（<script>と<link>タグ）はそのままに、それより下の部分を以下に書き換えてみましょう。

リスト4-4-1

```
01  <h3>Jspreadsheet spreadsheet!</h3>
02  <div id="spreadsheet"></div>
03  <div><button onclick="save();">Save</button></div>  ············· ■1
04
05  <script>
06  const target = document.getElementById('spreadsheet');
07
08  const table = jspreadsheet(target, {  ············· ■2
09    data: [[],[],[],[],[],[],[],[],[],[],],
10    columns: [[],[],[],[],[],[],[],[],[],[],],
11  });
12
13  function save() {
14    table.download();  ············· ■3
15  }
16  </script>
```

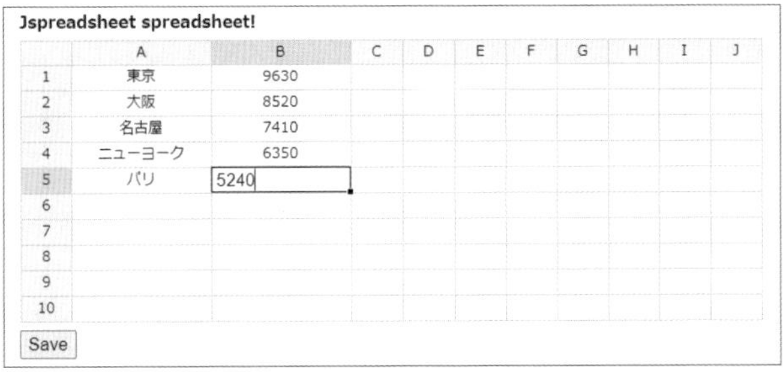

Jspreadsheet spreadsheet!									
	A	B	C	D	E	F	G	H	I	J
1	東京	9630								
2	大阪	8520								
3	名古屋	7410								
4	ニューヨーク	6350								
5	パリ	5240								
6										
7										
8										
9										
10										

Save

図4-4-1 「Save」ボタンをクリックすると、テーブルの内容をCSVファイルとしてダウンロードする

　先ほどの「空のテーブル」のコードに追記しました。テーブルに適当にデータを記入し、テーブル上にある「Save」ボタンをクリックすると、ファイルを保存するダイアログが現れます。そのままファイル名を入力し保存すると、テーブルの内容がCSVファイルとして保存できます。

　2では、Jspreadsheetオブジェクトを作成するところを以下のように修正しています。

```
const table = jspreadsheet(……);
```

　作成したオブジェクトを定数tableに代入しています。後はボタンのonclickで呼び出されるsave関数（**1**）で、保存の処理を実行するだけです（**3**）。

```
table.download();
```

　jspreadsheetで作成されたオブジェクトから「download」というメソッドを呼び出すだけで、現在のテーブルの内容をそのままCSVファイルとして保存することが可能です。これは使えると非常に便利ですから、ぜひここで覚えておきましょう。

05 CSVデータを読み込む

　では、データをファイルから読み込んで利用する場合はどうすればいいのでしょうか。これはJspeadsheetの機能としては用意されていません。

　ただし、JavaScriptには、HTMLの〈input type="file"〉で選択したファイルを読み込んで利用するための機能があるので、これを使ってファイルからテキストを読み込み、Jspeadsheetのデータに設定することは可能です。とはいえ、これはけっこう面倒な処理を行うので、コードも長く複雑になります。すべてのコードを理解しようとすると大変なので、実際にコードを書いて動かしながらポイントを説明しましょう。

　まず、読み込むデータファイルを用意しておく必要があります。こうしたデータを扱う場合、よく利用されるのが「CSV」と呼ばれるフォーマットのファイルです。これは、各値をカンマと改行コードで区切って記述したものです。Excelや Googleスプレッドシートなどでは、シートのデータをCSVファイルとして保存する機能が用意されているので、こうしたスプレッドシートで管理しているデータを Jspeadsheetで読み込むような場合にはCSVを使うのが基本といっていいでしょう。

▽ Googleスプレッドシートで CSVデータを作る

　では、CSVデータを用意しましょう。ここではGoogleスプレッドシートを使って CSVデータを作成する手順を紹介しておきます。Webブラウザから以下のURL にアクセスをして下さい。

https://docs.google.com/spreadsheets/

　これがGoogleスプレッドシートのサイトです。ここからスプレッドシートのファイルを作成できます。

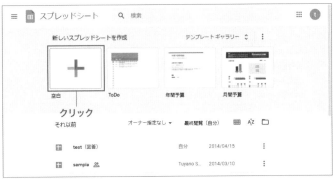

図4-5-1　Googleスプレッドシートのサイトにアクセスする

　画面の「新しいスプレッドシートを作成」というところにある「空白」をクリックして下さい。新しいスプレッドシートが開かれます。

図4-5-2　新しいスプレッドシートが開かれる

　ここにデータを記述していきましょう。今回はごく単純なデータを以下のように入力しておきます。これはあくまでサンプルなので、内容は別のものを記述してもかまいません。

リスト4-5-1

```
01  名前       メール      電話
02  太郎       taro@yamada       090-999-999
03  花子       hanako@flower     080-888-888
04  サチ子     sachikohappy      070-777-777
05  イチロー   ichiro@baseball   060-666-666
06  ジロー     jiro@change       050-555-555
```

	A	B	C	D
1	名前	メール	電話	
2	太郎	taro@yamada	090-999-999	
3	花子	hanako@flower	080-888-888	
4	サチ子	sachikohappy	070-777-777	
5	イチロー	ichiro@baseball	060-666-666	
6	ジロー	jiro@change	050-555-555	
7				
8				

図4-5-3 スプレッドシートにデータを記述する

　記述したら、データをCSVファイルで保存しましょう。「ファイル」メニューの
「ダウンロード」から「カンマ区切り形式（.csv）」メニューを選んで下さい。これ
で表示しているシートのデータをCSVファイルとして保存できます。

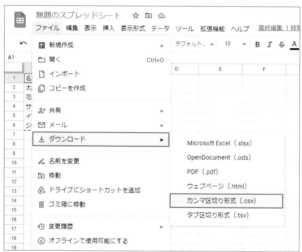

図4-5-4 「カンマ区切り形式（.csv）」メニューを選んでダウンロードする

コードを作成する

では、CSVファイルを読み込んでテーブル表示するコードを作成しましょう。今回も、冒頭の5行のタグ（〈script〉と〈link〉タグ）はそのままにして、それより下の部分を掲載しておきます。

リスト4-5-1

```
01  <h3>Jspreadsheet spreadsheet!</h3>
02  <div id="spreadsheet"></div>
03
04  <script>
05  const target = document.getElementById('spreadsheet');
06
07  function dochange(event) {
08    const file = event.target.files[0];  ············ 1
09    if (file) {
10      const reader = new FileReader();  ·········
11      reader.readAsText(file);  ························ 2
12      reader.onload = (event2)=> {  ············ 3
13        const [heads,rows] = createData(event2.target.result);  ············ 4
14        createTable(heads, rows);
15      }
16    }
17  }
18
19  // CSVデータから2次元配列を作る
20  function createData(src) {  ············ 5
21    const rows = [];
22    const data = src.split('\r\n');  ············ 6
23    const heads = data[0].split(',');
24    for(let i in data) {
25      if (i == 0) { continue; }
26      let row = data[i];
27      if (row == undefined) { break; }
28      rows.push(row.split(','));  ············ 7
29    }
30    return [heads,rows];  ············ 8
31  }
32
33  // 2次元配列を元にスプレッドシートを作る
34
35  function createTable(heads, rows) {  ············ 9
36    target.innerHTML = '';
37    jspreadsheet(target, {
38      data:rows,
39      columns: [heads],
40    });
41  }
```

```
42
43 </script>
44 <div><input type="file" onchange="dochange(event);"></div>  ············ 6
```

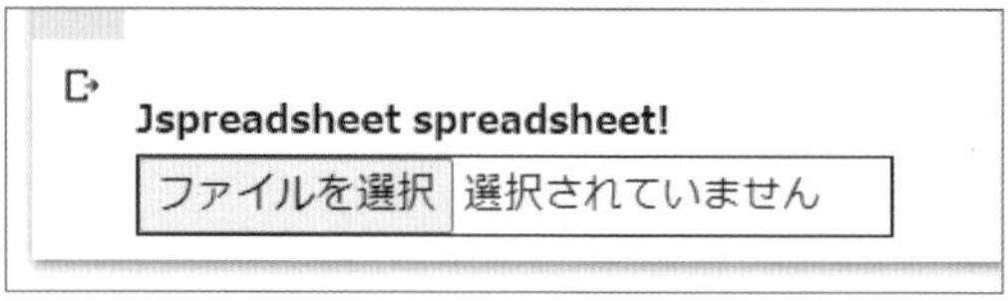

図4-5-5　実行すると、ファイルをアップロードするボタンだけが表示される

　これを実行すると、ファイルをアップロードするためのボタンだけが表示されます。まだシートは何も表示されていません。

　このボタンをクリックし、先ほど保存したCSVファイルを選択して下さい。これでファイルのデータが読み込まれ、テーブルが作成されて表示されます。

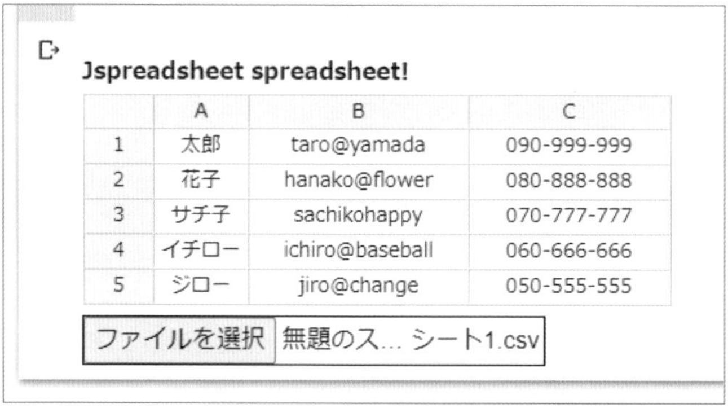

図4-5-6　CSVファイルを選択するとテーブルが作成される

💡 CSVファイル読み込みの仕組み

　では、CSVファイル読み込みの仕組みについて簡単に説明しましょう。ファイルをアップロードするには、以下のような形でHTMLタグとJavaScriptの関数を用意します。

ファイル選択用のタグ

```
<input type="file" onchange="関数名(event);">
```

```
function 関数名(event) {……}
```

〈input type="file"〉には、onchangeという属性が用意されています。これは前述の通り、値が変更されたときに実行されるイベント用の属性です。ファイル選択のボタンをクリックしてファイルを選ぶと、値が変更され、このonchangeに設定された処理が実行される、というわけです。

今回のサンプルでは、以下のような形で記述してあります（**6**）。

```
<input type="file" onchange="dochange(event);">
```

ここではonchange="dochange(event);"というように引数を付けて関数を呼び出すようにしていますね。こうすると、onchangeイベントが発生した際に、発生したイベントに関する情報をまとめたEventオブジェクトというものが関数に渡されます。ここから、選択されたファイルを取り出し、処理できます。

dochange関数ではどんなことを行っているのでしょうか。簡単に整理しておきましょう。

1. ファイルのデータを取り出す（1）

```
const file = event.target.files[0];
```

アップロードされたファイルは、引数で渡されるeventのtarget内にあるfilesというプロパティにまとめられています。この値は複数のファイルに対応できるように配列になっています。files[0]として最初のファイルを取り出します。

2. FileReaderでファイルを読み込む（2）

```
const reader = new FileReader();
reader.readAsText(file);
```

ファイルの中身は、FileReaderというオブジェクトを使って読み込みます。new FileReaderでオブジェクトを作成して定数readerに代入し、readAsTextというメソッドを使って引数に指定したファイルから中身を読み込みます。

3. 読み込んだデータの処理 (**3**)

```
reader.onload = (event2)=> {……}
```

　FileReaderでは、ファイルの読み込みが完了すると、onloadというプロパティに設定しておいた関数が実行されるようになっています。この関数では、引数としてevent2を指定していますが、このevent2のtargetプロパティの中のresultというプロパティには、FileReaderで読み込んだ値が保管されています。これを取り出すと、読み込んだCSVデータのテキストが得られます（**4**）。

 CSVデータから2次元配列を作る

　後は、ファイルからCSVデータのテキストをもとにJspreadsheetのシートを作成します。これは、以下の2つの関数の形で作成しています。

createData	取り出したテキストを、Jspreadsheetで利用できる形に変換する関数 （**5**）
createTable	データを元に表を作成する関数 （**9**）

　今回のポイントは、createDataの「テキストをJspreadsheetのデータとして利用できる形式に変換していく」という処理です。これは、テキストの「split」というメソッドを使って行えます。

　splitは、引数に指定した文字でテキストを分解し配列にするものです。CSVは1つ1つの値をカンマと改行で区切って記述しています。ですから、以下のようにすれば個々の値を取り出せるようになります。

［書式］splitの使い方

```
変数 = テキスト.split( 区切り文字 );
```

CreateDataでは、以下のような処理をしています。

> ・まず、改行コードでテキストを分割します（**6**）。これで各行ごとのテキストの配列が作れます。
> ・続いて繰り返しを使い、各行のテキストをカンマで分割します（**7**）。これで各値を配列にまとめたものが得られます。
> ・得られた配列データを1つの大きな配列にまとめれば（**8**）、Jspreadsheetのdataで使える2次元配列が作れます。

CSVデータの読み込みは、FileReaderの扱いと、splitによるテキストの分解処理についての知識が必要になります。これらは今すぐ理解する必要はありません。ここで作成した3つの関数の働きと使い方だけわかればいいのです。

dochange	ファイルからテキストを読み込む
createData	テキストをJspreadsheet用のデータに変換する
createTable	データを元にJspreadsheetのシートを作成し表示する

これらの使い方さえわかれば、CSVファイルから表を作れるようになりますよ！

06 様々なデータ入力

テーブルの基本的な使い方はだいぶわかってきたでしょうか。クリックしてテキストを入力するのは、列のtypeにtextやnumericを指定した場合です。

Jspreadsheetでは、そうしたもの以外のtypeも用意されています。

typeの種類	意味
text	既に使いましたね。これはテキストを指定するtypeです
numeric	これも使いました。数値を扱うものです
hidden	列を非表示にします
dropdown	用意した項目をドロップダウンメニューとして表示します
autocomplete	用意した項目を元にオートコンプリートで入力します
checkbox	チェックボックスを表示します
radio	ラジオボタンを表示します
calendar	カレンダーで日付を入力します
image	イメージをアップロードして表示します
color	カラーピッカーでカラーを選び表示します
html	HTMLのコード内容を表示します

随分とたくさんの項目が用意されているのがわかるでしょう。これらは、単にtypeで指定するだけで良いものもありますが、合わせて値を用意しなければいけないものもあります。追加情報が必要なtypeについて整理しておきましょう。

numeric

これは数値を扱うものです。これはそのままでも問題なく使えるのですが、入力する数値のフォーマットを指定することもできます。これは「mask」という項目としてフォーマットの指定を用意します。フォーマットの指定は、以下の記号を組み合わせたテキストとして作成します。

#	任意の桁
O	必須の桁

例えば、mask:"0.00"と値を用意すると、小数点以下2桁までが表示されます。

またmask:"#,##"とすると3桁ごとにカンマによる桁の表示がされるようになります。

dropdown/autocomplete

　これらは、あらかじめ選択肢のデータを用意しておき、その中から入力を行います。dropdownは用意した項目からのみ値を選ぶことができ、autocompleteはテキスト入力時に候補として用意した値が選べるようになります。

　これらの選択肢データは、「source」という項目として用意します。ここに配列として選択肢のデータを用意します。例えば、このような具合です。

```
{type:'dropdown', source:[ 'A', 'B', 'C' ] }
```

　これで、「A」「B」「C」という3つの値がドロップダウンメニューから選べるようになります。

calendar

　'calendar'は、カレンダーで値を指定します。これもそのまま使うことができますが、オプションとして値のフォーマットを用意することができます。これは以下のように記述します。

```
options: {
  format: フォーマットテキスト,
  time: 真偽値
}
```

　formatには、表示する日時の形式を、あらかじめ用意された記号を使って指定します。またtimeはtrueにすることで時刻も設定できるようになります。
　formatに用意できる記号としては、以下のようなものがあります。

Y	年の値
M	月の値
D	日の値
HH	時の値
MI	分の値

※M、Dは、MM、DDとすることで2桁表記になります。YはYYまたはYYYYで2桁または4桁表記になります。HHはHH24で24時間表記になります。

様々なtypeを利用しよう

では、実際にさまざまなtypeの値を使ってみましょう。2つ前のリスト4-4-1を元にして、この中の＜script＞要素（＜script＞～＜/script＞の部分）を以下のように書き換えて下さい。

リスト4-6-1

```
01  <script>
02  const target = document.getElementById('spreadsheet');
03
04  const table = jspreadsheet(target, {
05    data: [[],[],[],[],[],[],[],[],[],[],],
06    columns: [
07      {type:'text'},
08      {type:'numeric', mask:'#,##'},
09      {type:'hidden'},
10      {type:'dropdown', source:['one', 'two', 'three']},
11      {type:'autocomplete', source:['ein', 'zwei', 'drei']},
12      {type:'checkbox'},
13      {type:'radio', },
14      {type:'calendar', options:{ format:'YYYY-MM-DD HH24:MI', ⊟
    time:true},},
15      {type:'image'},
16      {type:'color', render:'square'},
17      ],
18  });
19  </script>
```

ここでは、10列それぞれに異なるtypeを設定してあります。それぞれ実際に値を入力してみましょう。様々な入力方法で各種の値がセルに設定できるのがわかるでしょう。

columnsには全部で10の列が用意されていますが、実際に表示されているのは9列です。これは、10列の中の1つが、{type:'hidden'}という種類であるためです。hiddenというtypeの列は、画面には表示されません。これは「画面に表示せずに値だけ保管しておきたい」というようなときに使われます。

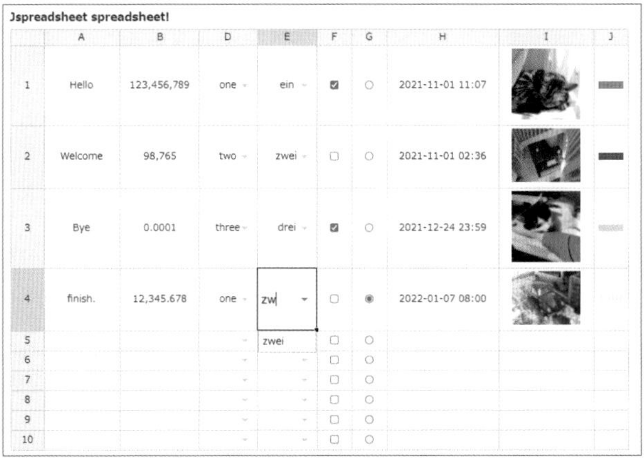

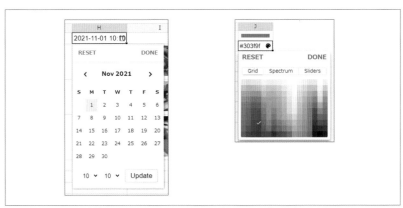

図4-6-1　列ごとに異なる type が設定されている

　用意した type の中でも非常にユニークなのは、calendar、image、color と
いった項目です。これらはクリックして入力しようとすると、画面にパネルがポッ
プアップして現れます。calendar では日付（および時刻）を選ぶパネルが現れ、
image ではイメージファイルを選ぶためのパネルが現れます。また color ではカ
ラーピッカーのパネルが現れます。

図4-6-2　calendar（左）と color のパネル。それぞれパネルが現れて値を入力する

07 数式（フォーミュラ）について

Excelなどのスプレッドシートでは、セルに数式（フォーミュラ）と呼ばれるものを記述し、計算した結果を表示させることができます。この数式の機能、Jspreadsheetにもちゃんと用意されています。セルの値に「=○○」というように冒頭にイコールをつけて数式をテキストとして指定すると、その計算結果がセルの値として表示されるようになります。

スプレッドシートの数式が強力なのは、単なる四則演算だけでなく、さまざまな処理を行う関数が多数揃っているところです。Jspreadsheetでも、スプレッドシートで使われる多くの関数がサポートされています。

では、簡単な利用例として、「行の合計を一番右端のセルに表示する」というサンプルを作ってみましょう。リスト4-7-1の<script>タグ部分を以下のように書き換えて下さい。

リスト4-7-1

```
01  <script>
02  const target = document.getElementById('spreadsheet');
03  const data = [
04    ['東京',,,,'=SUM(B1:D1)'],
05    ['大阪',,,,'=SUM(B2:D2)'],
06    ['名古屋',,,,'=SUM(B3:D3)'],
07    ['札幌',,,,'=SUM(B4:D4)'],
08    ['仙台',,,,'=SUM(B5:D5)'],
09  ]
10  const table = jspreadsheet(target, {
11    data: data,
12    columns: [
13      {type:'text', title:'支店', width:'100'},
14      {type:'numeric', title:'2020', width:'100'},
15      {type:'numeric', title:'2021', width:'100'},
16      {type:'numeric', title:'2022', width:'100'},
17      {type:'numeric', title:'合計', width:'100'},
18    ],
19  });
20  </script>
```

Jspreadsheet spreadsheet!

	支店	2020	2021	2022	合計
1	東京	963	852	741	2556
2	大阪	987	654	321	1962
3	名古屋	789	456	123	1368
4	札幌	369	258	147	774
5	仙台	159	263	487	909

Save

図4-7-1　B～D列目にデータを入力すると、E列に合計が表示される

実行すると、一番左側のA列（「支店」列）に支店名が表示されます。その横のB、C、Dの各列に、毎年の売上を入力していきましょう。すると右端のE列（「合計」列）に、B～D列の合計が計算され表示されます。

合計を得るSUM関数

この合計の計算はどのようになっているのか、試しにD1セル（「合計」列の１行目）をダブルクリックしてみましょう。すると、以下のような値が設定されていることがわかります。

```
=SUM(B1:D1)
```

これは、指定した範囲の合計を計算する「SUM」関数を使った式です。SUM関数は、その後の( )内にセルの範囲を「開始セル：終了セル」という形で指定します。すると、その範囲の合計を計算します。ここではB1:D1となってますから、B1、C1、D1の３つのセルの合計を計算して表示するわけです。

その下のD2セルを見ると、これは「=SUM(B2:D2)」となっているのがわかるでしょう。それぞれ左側のB列～D列のセル範囲を指定して合計を計算させているのがわかりますね。

主な数値関数

では、どのような関数が利用できるのでしょうか。Excelなどのスプレッドシートで関数を使ったことがあるなら、その主なものは一通り利用できると考えていいでしょう。関数自体は膨大な数が用意されているため、ここで全てを説明することはできません。数値関数に限り、主なものを簡単に紹介しておくに留めましょう。

関数	用途
SUM(範囲)	指定した範囲内の合計を計算します
AVERAGE(範囲)	指定範囲内の値の平均を計算します
MAX(範囲)	指定した範囲の中から最大値を返します
MIN(範囲)	指定した範囲の中から最小値を返します
VAR.P(範囲)	指定範囲を母集団とする分散を計算します
VAR.S(範囲)	指定範囲を母集団とする不偏分散を計算します
STDEV.P(範囲)	指定範囲を母集団とする標準偏差を計算します
STDEV.S(範囲)	指定範囲を母集団とする不偏標準偏差を計算します
INT(値)	実数から小数点以下を切り捨て整数部分の値だけを返します
ROUND(値, 桁数)	指定の桁数で値を丸めます（四捨五入します）。桁数をゼロとすると小数点以下1桁を丸めて整数値にします。1にすると小数点以下2桁目を丸めて小数点以下1桁の値にします
FLOOR(値, 基準値)	基準値の倍数に切り捨てます。基準値を1にすれば、小数点以下を切り捨てた整数値が得られます
CEILING(値. 基準値)	基準値の倍数に切り上げます。基準値を1にすれば、小数点以下を切り上げた整数値が得られます
ABS(値)	引数の絶対値を返します
POWER(値, 指数)	べき乗を計算します。第1引数に計算するもとの値を、第2引数に指数の値を指定します
FACT(値)	階乗を計算します。引数を5とするなら、1×2×3×4×5が計算されます
SQRT(値)	引数の平方根を計算します

08 セルを操作する

セルに直接値を記入するのはできますが、ではコードでセルの値を操作すること
はできるのでしょうか。

これには、Jspreadsheetオブジェクトにあるメソッドを利用します。セルの操
作には、以下のようなメソッドが用意されています。

[書式] セルの値を得る

```
《Jspreadsheet》.getValue( セル名 )
```

[書式] セルの値を変更する

```
《Jspreadsheet》.setValue( セル名, 値 )
```

getValue/setValueは、テキストでセル名を指定することで、そのセルの値
を操作します。例えば、第1引数に"A1"とテキストを指定すれば、getValueで
A1セルの値を取り出したり、setValueで別の値に変更したりできます。

💡 セルにランダムに値を設定する

では、リスト4-7-1のサンプルコードを修正して、セルにランダムな値を設定す
るボタンを追加してみましょう。冒頭の5行（<script>と<link>タグ）より下
の部分を以下のように書き換えて下さい。

リスト4-8-1

```
01  <h3>Jspreadsheet spreadsheet!</h3>
02  <div id="spreadsheet"></div>
03  <div>
04    <button onclick="calc();">CALC</button>  ·············· ■
05  </div>
06
07  <script>
08  const target = document.getElementById('spreadsheet');
09  const data = [
10    ······略······
11  ]
12  const table = jspreadsheet(target, {
13    data: data,
14    columns: [
```

```
15        ……略……
16      ],
17  });
18
19  // ☆追記部分
20  function calc() {  ……………  2
21      const cells = [  ……………………………
22        'B1', 'B2', 'B3', 'B4', 'B5',
23        'C1', 'C2', 'C3', 'C4', 'C5',  ……… 3
24        'D1', 'D2', 'D3', 'D4', 'D5',
25      ];  …………………………………………
26      for(let i in cells) {
27        table.setValue(cells[i], Math.floor(Math.random() * 100));  …… 4
28      }
29  }
30  </script>
```

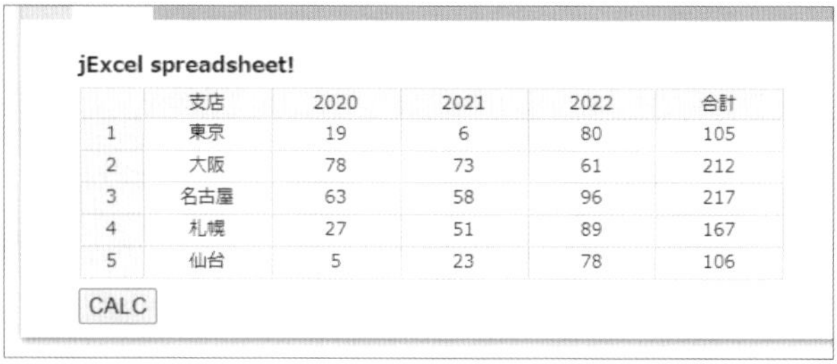

図4-8-1　ボタンを押すと値がランダムに設定される

　先ほどのリスト4-7-1のサンプルにボタンを追加しています（1）。定数dataと、jspreadsheet関数のcolumnsの値は変わりないので省略してあります。☆マーク以降の部分（calc関数）が、新たに追記したコードになります。

　画面に表示される「CALC」ボタンをクリックすると、B列〜D列のセルにランダムに数字が設定されます。

　2では、calcという関数にボタンクリック時の処理をまとめてあります。ここでは、まずcellsという定数に、操作するセル名のテキストをまとめてあります（3）。そしてfor-in構文を使い、cellsから順に名前を取り出して値を設定しています。

```
table.setValue(cells[i], Math.floor(Math.random() * 100));
```

　setValueで値を設定するセルは、cells[i]として名前を指定しています。その後には0〜99の範囲で整数の値をランダムに作成する式を書いてあります（4）。

ここでは、Mathオブジェクトにある2つのメソッドを使っています。Mathオブジェクトはは JavaScript に標準で用意されているもので、数値演算に関する諸機能をメソッドとして持っています。ここでは、その中から以下の2つを利用しています。

●Math.floor(数値)

引数に指定した数値の小数点以下を切り捨て、整数にしたものを返すメソッドです。

●Math.random()

0以上1未満の実数をランダムに返すメソッドです。

ここでは、`Math.random()*100`で0〜1の乱数に100をかけています。これで0〜100未満の乱数が作成されます。それを`Math.floor`で整数にして、0〜99の乱数を作成していた、というわけです。

Mathオブジェクトには、この他にも数値演算に関する様々なメソッドが用意されています。これはJavaScriptの標準オブジェクトですので、Webだけでなく、サーバー開発でもその他のものでも、JavaScriptを使っているならどこでも利用できるものです。機会があればどんなメソッドが用意されているか調べてみて下さい。

・MDN Web Docs（非営利法人Mozillaによるオープンソースコンテンツ）

https://developer.mozilla.org/ja/docs/Web/JavaScript/Reference/
Global_Objects/Math

09 行・列のデータをまとめて扱う

　前節で登場したgetValue/setValueは、指定したセルの値を操作するものです。これでセルの値の操作は十分可能ですが、セル数が多くなってくると1つ1つのセルの値を書き換える方式はスピードなどの面でデメリットが多くなってくるでしょう。

　多数のセルを操作するような場合は、行や列のデータをまとめて扱えるメソッドを利用すると便利です。これには以下のようなものが用意されています。

[書式] 全データを2次元配列として得る
```
getData()
```

[書式] 指定した行のデータを配列として得る
```
getRowData( 番号 )
```

[書式] 指定した列のデータを配列として得る
```
getColumnData( 番号 )
```

[書式] 全データを変更する
```
setData( 2次元配列 )
```

[書式] 指定した列のデータを変更する
```
setRowData( 番号 , 配列 )
```

[書式] 指定した行のデータを変更する
```
setColumnData( 番号 , 配列 )
```

　getData/setDataは、テーブル全体のデータを2次元配列でやり取りするものです。これは、各行のデータを配列にまとめたものを更に配列にした形になっています。要するに、jspreadsheet関数でテーブルを作る際、dataプロパティに設定しているデータと同じ形ですね。

　getRowData/setRowDataは、指定した行のデータをまとめてやり取りします。またgetColumnData/setColumnDataは、指定した列のデータをまとめてやり取りします。これらは、行・列の位置を「インデックス」という番号で指定します。インデックスは、最初の項目（一番左列および一番上行）がゼロになり、

それ以降1、2、3……と順に番号が割り振られます。最初の番号は「ゼロ」である、という点に注意しましょう。シートの行番号などは1から始まっていますが、インデックスは1から始まりません。必ずゼロから始まります。

行単位でデータを変更する

では、先ほどのサンプルを修正し、行単位でデータを変更するようにしてみましょう。リスト4-8-1のcalc関数を以下のように書き換えて下さい。

リスト4-9-1

```
01  function calc() {
02    const rnd = ()=> Math.floor(Math.random() * 100);  …… 1
03    const shiten = table.getColumnData(0);  …… 2
04    for(let i =0; i < 5;i++) {  ……………………………………
05      table.setRowData(i, [shiten[i], rnd(), rnd(), rnd()]);  …… 3
06    }  ………………………………………………………
07  }
```

動作は全く同じですが、ここではsetRowDataを使い、行単位でデータを変更しています。こちらはデータの操作は5回（5行分）だけであり、すべてのセルを個々に変更するのに比べるとずいぶんとすっきりしていますね。

短いコードですが、今回のcalc関数ではいろいろなテクニックを使っています。ざっと説明しましょう。

```
const rnd = ()=> Math.floor(Math.random() * 100);
```

まず最初に、このような文が用意されています（1）。これは、0〜99までの乱数を返す関数rndを作成するものです。ここでは、「( )=> 式」という形で関数を作り、rnd定数に設定していますね。これは前に説明しましたが「アロー関数」というものです。式の結果を返すだけの関数は、アロー関数を使うとシンプルに作れます。

その後2で、A列（「支店」の列）のデータを配列shitenに取り出しています。

```
const shiten = table.getColumnData(0);
```

ここでは行ごとにデータを設定していきますが、最初のA列はそのままにしておく必要があります。そこで、あらかじめgetColumnDataでA列のデータを定数に取り出しておき、ここから値を取り出して利用することにします。

```
for(let i =0; i < 5;i++) {
  table.setRowData(i, [shiten[i], rnd(), rnd(), rnd()]);
}
```

■3の繰り返しで行データを設定しています。setRowDataでは、forの繰り返し
回数を示す変数iで、インデックスを指定しています。そして設定するデータは、
[shiten[i], rnd(), rnd(), rnd()]としてあります。shiten[i]は、
先ほど取り出しておいたA列のデータですね。そしてrndは、乱数を得るための関
数です。これらを配列にまとめて、A列～D列に設定するデータを用意していたの
です。

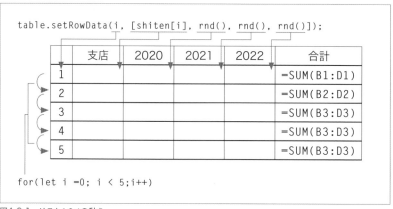

図4-9-1　リスト4-9-1の動き

10 フィルターについて

データを多数扱うようになると、そこから必要に応じてデータを探し出したりする必要が出てきます。このようなとき、スプレッドシートで用いられるのが「フィルター」という機能です。フィルターは、特定の値の項目だけを取り出すためのものです。例えば「支店」列から「東京」のデータだけを取り出したりするのにフィルターは利用されます。

このフィルター機能は、jspreadsheet関数でテーブルを作成する際、第2引数のオブジェクトに「filters: true,」という項目を用意するだけで使えるようになります。では、実際に試してみましょう。

少し前に作ったリスト4-8-1で、定数tableにオブジェクトを代入する部分を探して下さい。この部分ですね。

```
const table = jspreadsheet(target, {
  ……略……
});
```

この部分を、以下のように書き換えて下さい。修正して実行すると、右端にチェックボックスが追加されたテーブルが作られます。

リスト4-10-1

```
01  const table = jspreadsheet(target, {
02    data: data,
03    columns: [
04      {type:'text', title:'支店', width:'100'},
05      {type:'numeric', title:'2020', width:'100'},
06      {type:'numeric', title:'2021', width:'100'},
07      {type:'numeric', title:'2022', width:'100'},
08      {type:'numeric', title:'合計', width:'100'},
09      {type:'checkbox', title:'Filter', width:'50'},
10    ],
11    filters: true,
12  });
```

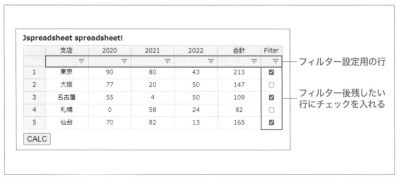

図4-10-1　右端にチェックボックスが追加され、上部にフィルター用の行が追加される

フィルターを設定する

　今回のテーブルをよく見ると、上部のヘッダー部分（「支店」などのラベルが表示されているところ）の下に、グレーの何も書かれていない（アイコンだけ表示されている）行が追加されているのがわかります。これがフィルターの設定を行う行です。

　右端のチェックボックスで、いくつかのチェックをONにしておきましょう。そしてその上部にあるフィルターの設定部分をダブルクリックして下さい。メニューがポップアップして現れ、「True」「False」と項目が表示されます。これは、この「Filter」列に設定されている値の一覧です。ここから「True」を選んでONにすると、Filter列の値がTrueの行（チェックボックスがONのもの）だけが表示されるようになります。再度フィルターの項目をダブルクリックし、「True」を選んでOFFにすると、すべての行が表示されるようになります。

　このように、フィルターは指定の列から特定の値の行だけを表示する働きがあります。これを利用することで、データ全体をいくつかの種類に分けて表示したり、特定の項目だけをピックアップして表示することができるようになります。スプレッドシートなどではフィルターの設定を式で記述できたりしますが、Jspreadsheetにはそこまでの機能はありません。

　フィルターは、スプレッドシートでデータを抽出するのによく利用される機能です。Jspreadsheetに限らず、スプレッドシート全般で使われる機能ですので、ぜひ覚えておきましょう。

図4-10-2 フィルター部分をダブルクリックし、「True」を選ぶと、チェックボックスがONのものだけ表示するようになる

> **フィルターのプルダウンリストが表示されない!**
>
> 　フィルターはプルダウンリストで表示する項目を設定しますが、項目が多くなるとうまく表示できないでしょう。これは、Jspreadsheetの問題ではありません。Colaboratoryの問題です。
>
> 　Colaboratoryでは、セルの下部に結果を表示していますが、この領域の大きさが限られているために、プルダウンリストが表示しきれなくなることがあります。これは、一般のWebページではまず起こることはないでしょう。Colaboratory特有の現象といえます。
>
> 　これを防ぐには、シートが表示される<div id="spreadsheet">の上下に<h1></h1>などをつけてスペースを確保しておくことです。そうすればプルダウンリストを表示する領域が広がります。

11 データの再現と出力を中心に

　以上、Jspreadsheetの基本的な使い方について説明しました。Jspreadsheet
はスプレッドシートそのものをWebページに用意するものですが、用途としては
以下のようにまとめられるでしょう。

1. テーブルの再現

　Webページ内で、スプレッドシートの表示をそのまま再現するのにJspreadsheet
は最適です。<table>を使ったり、ColaboratoryならばMarkdownを使ってテー
ブルを書くこともできますが、それらはただ表示するだけであり、データを操作す
ることができません。その場でテーブルを操作できるJspreadsheetは、そうした
ものとは一線を画します。

2. データ操作

　Jspreadsheetは、その場でデータを入力したり、式を記入して結果を表示させ
ることができるため、一般的なスプレッドシートと同様にその場でデータを入力し、
再計算させることができます。

3. データの出力

　テーブルのデータは、簡単にCSVファイルとして保存することができます。表示
したテーブルでデータを操作するなりし、必要に応じてファイルに保存すればデー
タを実用的に活用していけます。

　スプレッドシートそのままの機能をWebの中にはめ込めるのがJspreadsheet
の大きな利点です。あらかじめ元データを設定しておいたり、セルに式を設定して
おくことで、必要なデータだけ書き換えればテーブル全体が更新されるようにして
おくこともできるでしょう。
　Colaboratory で 利 用 す る 場 合、Markdown に よ る ド キ ュ メ ン ト と
Jspreadsheetによるテーブル表示を組み合わせることで、「リアルタイムにデータ
を操作可能なレポート」が作成できます。アイデア次第で、実用的な使い方が色々
とできそうですね！

Chapter 5
Chart.jsでチャートを使おう

この章のポイント
- ・チャート表示の基本コードをしっかり理解する
- ・データセットの構造をきちんと把握する
- ・JavaScriptからデータセットを操作する方法を覚える

01　Chart.jsでチャートを表示する
02　Chart.jsの基本コード
03　チャートを表示しよう
04　複数のデータセットを表示する
05　チャートのカラーを設定しよう
06　チャートデータの更新
07　オプション設定によるタイトルと凡例
08　さまざまなチャート
09　折れ線グラフの表示
10　円グラフの表示
11　CSVファイルを利用する
12　データの更新で変化するチャートを作ろう

01 Chart.jsで チャートを表示する

　スプレッドシートよりも、Webやレポートで使えると更に便利なのが「チャート（グラフ）」です。テーブルはHTMLを使って表示することもできますが、チャートをHTMLで書いて表示するのはかなり大変です。Colaboratoryで使えるMarkdownにも、チャート表示の機能などはありません。レポートにチャートを表示するのは、意外と大変なのです。

　チャートを表示するJavaScriptライブラリは多数ありますが、中でも使いやすさとビジュアルの美しさで広く利用されているのが「Chart.js」です。

　Chart.jsは、オープンソースで公開されているJavaScriptのチャート作成ライブラリです。おそらくチャート関係のライブラリの中では、このChart.jsがもっとも広く利用されているでしょう。

　これは以下のWebサイトで情報公開されています。

https://www.chartjs.org/

図5-1-1　Chart.jsのWebサイト

💡 Chart.jsを利用するには

　このChart.jsは、CDNでライブラリを読み込んで利用できます。Colaboratoryで使うには、最初に`%%html`を書いた上で以下のタグを記述します。

```
01  <script src="https://cdn.jsdelivr.net/npm/chart.js@3.5.1/dist/chart.min.
    js"></script>
```

　これで、Chart.jsのコードが読み込まれ利用できるようになります。非常に単純
ですね。このタグは、Chart.jsを利用する際は必ず記述しておきます。どこかコピー
して、いつでも使えるようにしておきましょう。

色名の指定

　Chapter5-05以降では、色の指定が登場します。
　色の指定は、「red」のように色名を指定する方法、「#ff00aa」のように16進数で指定する方法等があります。

　16進数は、RGBの各輝度を2桁で表した形になります。例えば赤ならば「#ff0000」です。
RGBの後に透過度を示す値を追加して8桁で表記することもあります。またそれぞれの値を1桁
にして「#f00」や「#f00f」というように表わすこともあります。この場合、例えば「#fa0」
は「#ffaa00」というように各値を2桁にしたものとして扱われます。

　よく使う色の指定について、表にまとめてみました。
　その他の色について知りたい場合は、インターネットで「カラーコード」などの言葉で検索
してみてください。

色	色名指定	16進数指定
ピンク	pink	#ffc0cb
紫	violet	#ee82ee
青	blue	#0000ff
水色	cyan	#00ffff
緑	green	#008000
黄緑	lightgreen	#90ee90
ベージュ	beige	#f5f5dc
黄	yellow	#ffff00
オレンジ	orange	#ffa500
茶	brown	#a52a2a
黒	black	#000000
グレー	gray	#808080
白	white	#ffffff

02 Chart.jsの基本コード

　では、Chart.jsによるチャート作成はどのように行えばいいのでしょうか。その基本的なコードを説明しましょう。実際の表示は次のChapter5-03で行います。

　まず、チャートを組み込むためのHTML要素を用意しておきます。これは、以下のような形になります。

```
<div>
  <canvas id="○○"></canvas>
</div>
```

　〈div〉などで表示エリアを指定するための要素を用意しておき、その中に〈canvas〉という要素を用意します。これは「キャンバス」といって、Webページにグラフィックを描画するのに用いられるものです。Chart.jsは、このキャンバスを使ってグラフを作成します。

　実際は、この〈div〉と〈canvas〉のそれぞれに大きさを設定する属性を用意することになります。したがって、基本コードは以下のようになるでしょう。

```
<div style="width: 横幅px; height: 高さpx;">
  <canvas width="横幅" height="高さ"></canvas>
</div>
```

　〈div〉では、style属性にwidthとheightを使って大きさを設定します。例えば、縦横100ピクセルで表示したければ、〈div style="width:100px; height:100px;"〉と記述すればいいでしょう。

　〈canvas〉には、縦横幅の指定の属性が用意されていますので、これらに数値を指定するだけです。例えば縦横100ピクセルなら〈canvas width="100" height="100"〉とすればいいでしょう。

♀ Chartオブジェクトの作成

　チャートの作成は、JavaScriptで行います。これは「Chart」というオブジェクトを作成して利用します。

```
new Chart( エレメント , オブジェクト );
```

　第1引数には、チャートを表示する〈canvas〉のエレメントを指定します。そして第2引数には、チャートの表示に関する設定情報をまとめたオブジェクトを用意します。このオブジェクトにどのような値を用意するかで表示されるチャートが変わってきます。

設定オブジェクトの基本

　チャートの表示は、第2引数の設定情報をまとめたオブジェクトによって決まります。これは、様々な情報をまとめたオブジェクトリテラルとして用意しておきます。用意する項目は非常にたくさんありますが、最低限必要となるものに絞ると以下のような形になるでしょう。

Chart作成時の第2引数

```
{
  type: 種類 ,
  data: {
    labels: ラベルデータ ,
    datasets: データセット
  },
}
```

　typeは、作成するチャートの種類です。Chart.jsではさまざまなチャートに対応しています。ここで、作るチャートの種類を名前で指定しておきます。
　その後のdataに、表示するデータの情報を記述します。ここには2つの値を用意します。
　1つ目の「labels」は、表示する各項目に割り当てるラベル（項目名）を配列にまとめたものを用意します。例えば支店ごとの売上をチャートにしたいならば、labelsには["東京","大阪",……]というように、支店名を配列にしたものを用意すればいいでしょう。
　2つ目の「datasets」は、データセットと呼ばれるデータオブジェクトの配列を用意します。このデータセットで、表示するデータを用意します。

Chapter 5

データセットの構成

　では、データセット（dataset）はどのような形になっているのでしょう。これは、ラベル名と表示データをオブジェクトリテラルにまとめた形になっています。

Chart作成時に指定する第2引数のdatasetsの指定

```
{
  label: ラベル,
  data: データ
}
```

　labelは、このデータセットの名前です。先に登場した「labels」とは別のものですので注意して下さい。そしてdataに、データを数値の配列として用意します。このデータ数は、先に設定したlabelsに用意しているラベルデータの配列と同じ数にしておく必要があります。データ数とラベル数があっていないと、データがすべて表示されなかったり、チャートにグラフが表示されない項目が出てきたりするので注意が必要です。

　このデータセットを、設定オブジェクトのdatasetsに配列の形で用意すれば、Chart.jsで使う設定オブジェクトが作成できます。

> **表示したチャートは保存できる？**
> 　作成されたチャートを他で利用したいと思ったとき、チャートをコピーしたりファイルで保存できれば便利ですね。チャート部分は <canvas> を使っているため、キャンバスの機能がそのまま使えます。
> 　Chrome、Edge、FirefoxといったWebブラウザの場合、右クリックして現れたメニューから「名前をつけて画像を保存」を選べばファイルに保存することができます。ただし、これはWebブラウザによって操作方法が違うので注意して下さい。

03 チャートを表示しよう

Chart.jsの設定オブジェクトは、慣れないとなかなか構造がわかりにくいでしょう。実際に簡単なチャートを作成して、その書き方を理解していくことにしましょう。以下のコードをセルに入力してください。

リスト5-3-1

```
01  %%html
02  <script src="https://cdn.jsdelivr.net/npm/chart.js@3.5.1/dist/chart. ⊟
    min.js"></script>
03
04  <h3>Chart.js sample.</h3>
05  <div style="width:400px; height: 400px;">            ⋯⋯⋯⋯⋯⋯⋯⋯
06    <canvas id="chart" width="400" height="400"></canvas>  ⋯⋯ 1
07  </div>                                                ⋯⋯⋯⋯⋯⋯⋯⋯
08  <script>
09  const ctx = document.querySelector('#chart');
10  const chart = new Chart(ctx, {      ⋯⋯⋯⋯⋯⋯⋯⋯ 2
11    type: 'bar',           ⋯⋯⋯⋯⋯⋯⋯ 3
12    data: {           ⋯⋯⋯⋯⋯⋯⋯⋯⋯⋯⋯⋯⋯⋯⋯⋯⋯⋯⋯⋯⋯⋯⋯⋯⋯⋯⋯⋯
13      labels: ['東京', '大阪', '名古屋', 'ロンドン', 'パリ'],
14      datasets: [{
15        label: '支店名',
16        data: [9630, 8520, 7410, 4560, 3690],                ⋯⋯⋯ 4
17      }]
18    },
19  });                 ⋯⋯⋯⋯⋯⋯⋯⋯⋯⋯⋯⋯⋯⋯⋯⋯⋯⋯⋯⋯⋯⋯⋯⋯⋯⋯⋯⋯⋯⋯⋯⋯⋯
20  </script>
```

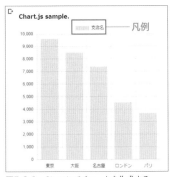

図5-3-1　Chart.jsでチャートを作成する

Chapter 5

これを実行すると、セルの下にグレーの棒グラフが表示されます。シンプルです
が見やすいチャートですね。マウスポインタを棒グラフの棒（バー）の上に移動す
ると、その項目のラベルと値がポップアップして表示されます。

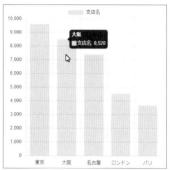

図5-3-2　マウスポインタをバーの上に移動すると、ラベルと値が表示される

💡 チャート作成のコードをチェック

では、どのようにしてチャートが作成されているのか、コードの流れを見ていき
ましょう。まず、■の部分でチャートを表示するHTML要素を以下のように用意し
ています。

```
<div style="width:400px; height: 400px;">
  <canvas id="chart" width="400" height="400"></canvas>
</div>
```

<div>には、style="width:400px; height: 400px;"として縦横400
ピクセルの大きさに設定しています。また<canvas>にもwidth="400"
height="400"と同じ大きさを設定してあります。これで描画されるグラフの領
域が決まります。

<script>部分では、以下のようにしてChartオブジェクトを作成していますね
（■）。

```
const chart = new Chart(ctx, ……);
```

第1引数には、<canvas>のエレメントが渡されています。第2引数に用意する
設定オブジェクトでは、「type: 'bar'」と値を用意しています（■）。これで作
成するチャートはバーチャート（棒グラフ）になります。

その後のdataプロパティに、表示するチャートのデータを用意しています（4）。

```
data: {
  labels: ['東京', '大阪', '名古屋', 'ロンドン', 'パリ'],
    datasets: [{
      label: '支店名',
      data: [9630, 8520, 7410, 4560, 3690],
    }]
  },
});
```

　labelsには全部で5つのラベルを用意しています。そしてdatasetsには、data: [9630, 8520, 7410, 4560, 3690]というデータが用意されたデータセットを1つ設定しています。dataのデータ数は、labelsの配列の要素数と同じ数になっていますね。これで、dataの9630がlabelsの'東京'、8520が'大阪'……というように各値が各ラベルに割り当てられていきます。表示されたチャートを見れば、各項目のラベルと値がどのように対応しているのかよくわかるでしょう。
　そして、このデータセット自体にはlabel: '支店名'と名前がつけられています。グラフの上部に見える凡例に、表示データの値として「支店名」と設定されているのがわかりますね。このようにlabelは「凡例」として表示されます。

04 複数のデータセットを表示する

設定データのオブジェクトを作成していて、今ひとつピンとこないのが「datasets」の設定でしょう。ここには配列として値を用意します。けれど、「なぜ、配列なんだ？」と疑問を感じた人もいることでしょう。

では、なぜdatasetsが配列なのかを用意して表示を試してみましょう。リスト5-3-1の<h3>より下の部分（チャートを表示する<div>とその後の<script>）部分を以下のように修正して下さい。

リスト5-4-1

```
01  <div style="width:600px; height: 400px;">
02    <canvas id="chart" width="600" height="400"></canvas>
03  </div>
04  <script>
05  const ctx = document.querySelector('#chart');
06  const chart = new Chart(ctx, {
07    type: 'bar',
08    data: {
09      labels: ['東京', '大阪', '名古屋', 'ロンドン', 'パリ'],
10      datasets: [{
11        label: '2019年',
12        data: [7890, 6780, 5670, 3450, 2340],
13      },
14      {
15        label: '2020年',
16        data: [9630, 8520, 7410, 4560, 3690],
17      },
18      {
19        label: '2021年',
20        data: [12300, 9870, 8520, 6540, 4320],
21      }]
22    },
23  });
24  </script>
```

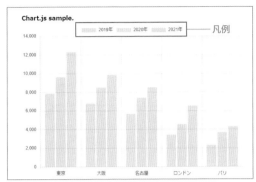

図5-4-1　3つのデータセットを表示する

　これを実行すると、「2019年」「2020年」「2021年」という3つのデータセットがチャートに表示されます。上の凡例を見れば、それぞれのデータセットが項目ごとに並んで表示されていることがわかるでしょう。複数のデータセットが使えるというのは、こういうことだったんですね。

　このように、複数の系列データを1つのチャートに同時に表示することはよくあります。そのような場合に、datasetsが配列であることが活きるのです。

05 チャートのカラーを設定しよう

　複数のデータセットを表示したときに、グラフが同じようなグレーで表示されてしまうとそれぞれのデータセットがどれなのかわかりにくくなってしまいます。データセットごとに色を変更して見やすくしましょう。

　これには、データセットにカラー情報の項目を以下のように用意してやります。

backgroundColor	バーを塗りつぶす背景色を指定します。
borderColor	バーのボーダー（輪郭線）の色を指定します。
borderWidth	ボーダーの線の太さを数値で指定します。

　borderColorとborderWidthは、バーにボーダー（輪郭線）を表示したい際に使います。単純にバー全体を指定のカラーで塗りつぶすだけならbackgroundColorだけ用意すればいいでしょう。

　backgroundColorとborderColorの色は、スタイルシートのカラー指定と同じ感覚で値を用意できます。"red"や"blue"のように色名を使った方法、"#ff00aa"というような16進数のテキスト、"rgba(1, 1, 0, 0.1)"というようにrgbaを使った指定などが利用できます（P.109参照）。

⛯ 各データセットにカラーを設定する

　では、先ほどのサンプルにカラー情報を追加して、チャートをカラー表示してみましょう。リスト5-4-1の<script>部分を以下のように書き換えて下さい。

リスト5-5-1

```
01  <script>
02  const ctx = document.querySelector('#chart');
03  const chart = new Chart(ctx, {
04    type: 'bar',
05    data: {
06      labels: ['東京', '大阪', '名古屋', 'ロンドン', 'パリ'],
07      datasets: [{
08        label: '2019年',
09        data: [7890, 6780, 5670, 3450, 2340],
10        backgroundColor:['#f003'],
11        borderColor:['blue'],
```

```
12        borderWidth:1,
13      },
14      {
15        label: '2020年',
16        data: [9630, 8520, 7410, 4560, 3690],
17        backgroundColor:['#0f03'],
18        borderColor:['green'],
19        borderWidth:1,
20      },
21      {
22        label: '2021年',
23        data: [12300, 9870, 8520, 6540, 4320],
24        backgroundColor:['#00f3'],
25        borderColor:['blue'],
26        borderWidth:1,
27      }]
28    },
29  });
30  </script>
```

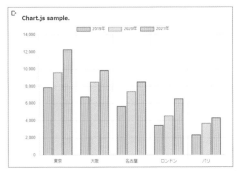

図5-5-1　実行すると、3つのデータセットがそれぞれ赤・緑・青で表示される

　これを実行すると、チャートに表示されるデータセットがそれぞれ赤・緑・青で表示されるようになります。datasets の値を見ると、データセットごとにbackgroundColor、borderColor、borderWidth の値が用意されているのがわかるでしょう。

　これらの内、borderColor では色名を使い、backgroundColor では16進数を使って色を設定しています。

項目ごとに色を変化させる

　しかし、borderColor と backgroundColor の値をよく見ると、いずれも [ ]を使って指定されており、カラー値の配列になっていることに気がつくでしょう。

これらの値は、複数のカラーを配列で用意することができます。そうすることで、表示されるバー1つ1つに値を設定することができるようになります。

　試しに、3つのデータセットのbackgroundColorをそれぞれ以下のように変更してみましょう。少しずつ色が濃くなるように指定しています。なお、ここでは色値は4桁の16進数を使っています。例えば#f003ならば#ff000033という指定と同じ意味になります。

リスト5-5-2―1つ目のデータセット

```
backgroundColor:['#f003','#f005','#f007','#f009','#f00b'],
```

リスト5-5-3―2つ目のデータセット

```
backgroundColor:['#0f03','#0f05','#0f07','#0f09','#0f0b'],
```

リスト5-5-4―3つ目のデータセット

```
backgroundColor:['#00f3','#00f5','#00f7','#00f9','#00fb'],
```

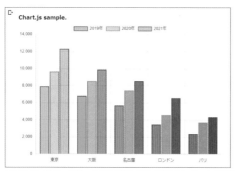

図5-5-2　各データセットの色が項目ごとにグラデーションで表示される

　これを実行すると、3つのデータセットが赤・緑・青で表示されるのは同じですが、左から少しずつカラーが濃い色に変化していくのがわかるでしょう。このように複数のカラーを用意することで、1つ1つのバーの色を設定することが可能になります。

06 チャートデータの更新

作成したチャートは、後からJavaScriptのコードで操作することができます。特に表示データに関するものは、Chartオブジェクトのプロパティを操作するだけで簡単に変更できます。

では、チャート作成時に用意した設定オブジェクト内の主な値がChartオブジェクトの中でどのように保管されているか見てみましょう。

設定オブジェクトのdata

```
《Chart》.data
```

データセット

```
《Chart》.data.datasets
```

データセットの内容

```
《Chart》.data.datasets[番号].label
《Chart》.data.datasets[番号].data
```

見ればわかるように、設定オブジェクト内の構造とほぼ同じ形でChartオブジェクト内にデータが保管されています。これらの値を直接書き換えることで、チャートのデータを変更できます。

ただし、ただ値を変更しただけではチャートの表示は変わりません。変更後、以下のコードでチャートの表示を更新する必要があります。

[書式] チャートの表示を更新

```
《Chart》.update();
```

これで、最新のデータを元にチャートが再表示されます。

ランダムに値を変更する

では、実際にデータの変更を行ってみましょう。ここではランダムにデータを設定してグラフを更新する機能を作成してみます。先程のリスト5-5-1の末尾に以下のコードを追記して下さい。既に<script>がある下にまた<script>を書くの

Chapter 5

で奇妙な感じがするでしょうが、このように複数の<script>要素を書いても全く
問題はないので安心して下さい。

リスト5-6-1

```
01 <div><button onclick="update();">Update</button></div>
02 <script>
03 function rndData() {
04   const rnd = ()=> Math.floor(Math.random()*100)*10;      1
05   return [rnd(),rnd(),rnd(),rnd(),rnd()]
06 }
07 function update() {
08   for(let i = 0;i < 3;i++) {
09     chart.data.datasets[i].data = rndData();      2
10   }
11   chart.update();  …… 3
12 }
13 </script>
```

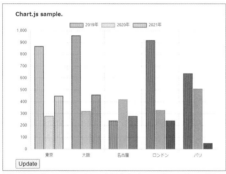

図5-6-1 「Update」ボタンを押すとデータがランダムに変わる

　実行すると、チャートの下に「Update」ボタンが追加されます。これをクリッ
クすると、チャートがランダムに変わります。

　1では、rndDataという関数を用意し、そこで0から1000までのランダムな整
数5個を配列にしたものを返すようにしています。

```
function rndData() {
  const rnd = ()=> Math.floor(Math.random()*100)*10;
  return [rnd(),rnd(),rnd(),rnd(),rnd()]
}
```

　rndData関数の1行目にあるのは、1000までの乱数を作成する関数rndです。
これは前述の「アロー関数」という形式で指定しています。P.099で登場したMath.

floorとMath.randomを使ってランダムに数字を作成しますが、端数が出ないように「100までの整数×10」という形で作成をしています。

この関数を使い、2で3つのデータセットにランダムな値を設定しています。

```
for(let i = 0;i < 3;i++) {
  chart.data.datasets[i].data = rndData();
}
```

chart.data.datasets[i].dataと指定することで、i番のデータセットのdataプロパティにrndData関数の戻り値を設定できます。これを繰り返して、3つのデータセットのdataをすべて変更します。後は、updateメソッドで表示を更新するだけです（3）。

ボタンクリックで更新する

プレゼンテーションなどでChart.jsを利用するような場合、あらかじめ表示するデータを用意しておき、クリックしてチャートが順に変化していくような操作を行いたいこともあります。例えば、最初に2019年のデータが表示されており、必要に応じて2020年、20201年と変わっていく、などですね。

こうした変化も、データセットの値を変更することで行えます。あらかじめデータセットのラベルとデータを配列などにまとめて用意しておき、ボタンクリックで現在表示しているデータの次のものを取り出してデータセットに設定し更新すればいいのです。

では、やってみましょう。チャートの表示用に用意してある<div>部分よりも下のコード（1つ目の<script>タグ以降）を、以下のように書き換えましょう。

リスト5-6-2

```
01 <script>
02 const alllabels = ['2019年', '2020年', '2021年'];
03 const alldata = [
04   [7890, 6780, 5670, 3450, 2340],
05   [8520, 9630, 4560, 3690, 7410],
06   [4320, 6540, 8520, 9870, 12300]
07 ];
08 var counter = 0;
09
10 const ctx = document.querySelector('#chart');
11 const chart = new Chart(ctx, {
12   type: 'bar',
13   data: {
14     labels: ['東京', '大阪', '名古屋', 'ロンドン', 'パリ'],
```

1

```
15    datasets: [{
16      label: alllabels[counter],
17      data: alldata[counter],
18      backgroundColor:['#f003','#0f03','#00f3','#ff03','#0ff3'],
19      borderColor:['#999'],
20      borderWidth:1,
21    }]
22  },
23  });
24  </script>
25  <div><button onclick="update();">Update</button></div>
26  <script>
27  function update() {
28    counter++;                 ·························· ②
29    counter = counter == alldata.length ? 0 : counter;  ······ ③
30    chart.data.datasets[0].label = alllabels[counter]; ·······.
31    chart.data.datasets[0].data = alldata[counter];  ··········.········ ④
32    chart.update();
33  }
34  </script>
```

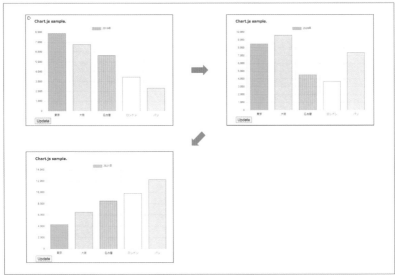

図5-6-2　ボタンクリックで、表示データが2019年、2020年、2021年と変わっていく

　　ここでは、2019年～2021年の３つのデータセットを用意しました。そして
「Update」ボタンをクリックすると、2019年から2020年へ、更に2021年へと表
示が変わります（更にクリックすればもとに戻ります）。

　■では、まずラベルと表示データをあらかじめ定数に用意しておきます。

```
const alllabels = ['2019年', '2020年', '2021年'];
const alldata = [
  [7890, 6780, 5670, 3450, 2340],
  [8520, 9630, 4560, 3690, 7410],
  [4320, 6540, 8520, 9870, 12300]
];
```

　この２つの配列から、順に値を取り出してデータセットに設定すればいいわけで
すね。では、update関数を見てみましょう。

```
counter++;  …… 2
counter = counter == alldata.length ? 0 : counter;  …… 3
```

　まず、表示するインデックス番号を保管するcounterの値を１増やします（2）。
値がalldataの個数と同じになったらゼロに戻します（3）。配列の個数は、
「length」という配列のプロパティで得ることができます。3の部分は、「三項演
算子」という機能を使ったものです。三項演算子は、以下のように記述した式のこ
とです。

[書式] 三項演算子

```
条件式 ? trueの値 : falseの値
```

　最初に条件となる式（比較演算の式など）を用意しておき、その結果がtrueの
場合は？の後にある値を、falseの場合は：の後にある値を使うというものです。

　ここでは、counterの値が配列の個数（alldata.length）と等しければ
counterを0にし、等しくなければcounterの値はそのままにしています。
　こうして次に取り出すインデックス番号がcounterに用意できたら、これを使っ
て配列から値を取り出してデータセットに設定するだけです。

```
chart.data.datasets[0].label = alllabels[counter];  ……
chart.data.datasets[0].data = alldata[counter];  ……  4
chart.update();
```

　今回は、Chartオブジェクトに用意しているデータセットは１つだけなので、
chart.data.datasets[0]のlabelとdataの値を変更します。設定する値は
alllabels[counter]とalldata[counter]です。counterで指定したイ

ンデックスのデータがこれでデータセットに設定されました（**4**）。

　後はupdateすればチャートが更新されます。データセットの操作ができれば、割と簡単にチャートの表示を変更できるようになります。

> **グラフのスケールを統一するには？**
>
> 　サンプルを動かしてみると、縦軸の数値がグラフごとに変化していることに気がついたでしょう。年ごとの変化を正確に伝えたいなら、同じスケールでなければいけません。
> 　Chart.jsでスケールを固定するには、オプション設定に「scale」という項目を用意して設定します。オプション設定についてはこの後で説明しますが、例えば先ほどのサンプルで、dataの値の後（}の後）で改行し、以下のコードを追記すればY軸のスケールを固定できます。
>
> リスト5-6-3
>
> ```
> 01  const chart = new Chart(ctx, {
> 02      type: 'bar',
> 03      data: {
> 04          ...
> 05          datasets: [{
> 06              ...
> 07          }]
> 08      },
> 09      options: {
> 10          scales: {
> 11              y: {
> 12                  min: 0,
> 13                  max: 12500,
> 14              }
> 15          }
> 16      }
> 17  });
> ```
>
> 　scalesのyという項目の中にminとmaxを用意し、それぞれに最小値と最大値を指定します。指定する値は、表示するグラフのデータなどに応じて調整しましょう。

07 オプション設定による タイトルと凡例

Chart.jsには、メインのコンテンツであるチャートの他に、チャートを補佐する各種の要素が用意されています。例えばチャートのタイトルや凡例といったものですね。これらは、Chartオブジェクトの「options」というところにプロパティとして用意されています。

このoptionsは、データセットなどと同様にChartを作成する際に使うオブジェクトの中に用意されます。これは、ざっと以下のような形で値を用意します。

```
{
  type: ○○,
  data: {……},
  options: {
    plugins: {
      ……ここにオプション設定を用意……
    }
  }
}
```

オプションの設定は、「options」というプロパティとして用意されています。この中に、オプションの設定が用意されます。

このoptions内には、更に「plugins」というプロパティが用意されています。これはプラグインで拡張する機能に関する設定で、やはりオブジェクトリテラルを使って値を用意します。

タイトルとサブタイトル

オプションの設定として是非覚えておきたいのが「タイトル」と「サブタイトル」でしょう。これらは、プラグイン（plugins）の中に設定を用意します。

```
plugins: {
  title: 設定オブジェクト,
  subtitle: 設定オブジェクト
}
```

このように「title」「subtitle」というプロパティに設定情報をまとめたオブジェクトを指定することで、チャートのタイトル、サブタイトルの設定が行える

Chapter 5

ようになります。これらには以下のような設定項目が用意できます。

display	チャートに表示するかどうかを真偽値で指定します。trueにすればタイトル／サブタイトルが表示されるようになります
text	タイトル・サブタイトルに表示するテキストを設定します
align	位置揃えの指定です。「start」「center」「end」で開始位置、中央、終了位置にテキストを揃えるようにできます
color	タイトル・サブタイトルのテキストカラーを指定します。値は色名や16進数のテキスト、rgba関数などが利用できます
font	テキストのfont関連の設定を行います。この値はオブジェクトになっていて、「size（フォントサイズ）」「weight（フォントの太さ）」「style（フォントのスタイル設定）」といったものが用意されます
padding	周囲の余白幅を指定します。これは直接数値を指定してもいいですし、「top」「bottom」「left」「right」といった値をオブジェクトリテラルにまとめたものを利用することもできます

　これらの項目をオブジェクトとしてまとめたものをpluginsに指定すれば、タイトルやサブタイトルの表示が設定できるようになります。例えばタイトルの設定ならば、以下のような形で値を用意すればいいでしょう。

```
title: {
  display: true,
  text: タイトル,
  align: 位置,
  color: 色,
  font: { size:サイズ, weight:太さ, style:スタイル },
  padding: { top:数値, bottom: 数値, left:数値, right:数値 }
}
```

　これらは、すべて用意する必要はありません。設定したい項目だけを用意すれば表示が調整されます。ただし、display:trueは、用意しておかないと画面に表示されないので注意して下さい。

 凡例の表示

　プラグインに用意できる設定として、もう1つ「凡例」も挙げておきましょう。凡例とは、チャートに表示されているデータセットの内容（ラベル）をまとめて表示しているものです。プラグインに「legend」という項目を用意し、設定内容をオブジェクトにまとめたものを指定すれば、凡例を表示させることができます。
　このlegendに指定するオブジェクトには以下のような項目が用意できます。

display	チャートに表示するかどうかを真偽値で指定します。trueにすれば凡例が表示されます
position	表示場所を指定するものです。「top」「bottom」「left」「right」でチャートの上下左右のどこに表示するかを指定します
align	表示位置を指定するものです。「start」「center」「end」で開始位置（上または左）、中央、終了位置（下または右）のどこに配置するかを指定します
labels	ラベルのテキストの表示に関する指定をします。これは設定をオブジェクトとして用意します。このオブジェクトには、fontやcolorなどでラベルのテキスト表示の設定を用意できます。

　これらも必要な項目のみを用意すればいいでしょう。pluginsに用意するlegendの値は、だいたい以下のような形で記述することになります。

```
legend: {
  position: 場所,
  align: 位置,
  labels:{
    font:{ size: サイズ, weight:太さ, style:スタイル },
    color: 色,
  }
}
```

　タイトルなどと共通の項目もあるので、新たに覚える必要があるのはpositionとlabelsぐらいでしょう。

💡 タイトルと凡例を表示する

　では、これらの設定を用意し、タイトル・サブタイトル・凡例などをチャートに表示させてみましょう。<script>部分を以下のように修正して下さい。なお、alllabelsとalldata、counterの定義部分は削除します。また2つ目の<script>部分も削除してください。

リスト5-7-1

```
01  <script>
02  const ctx = document.querySelector('#chart');
03  const chart = new Chart(ctx, {
04    type: 'bar',
05    data: {
06      labels: ['東京', '大阪', '名古屋', 'ロンドン', 'パリ'],
07      datasets: [{
08        label: '2019年',
09        data: [7890, 6780, 5670, 3450, 2340],
10        backgroundColor:['#f003'],
11        borderColor:['blue'],
```

07　オプション設定によるタイトルと凡例　　129

```
12        borderWidth:1,
13      },
14      {
15        label: '2020年',
16        data: [9630, 8520, 7410, 4560, 3690],
17        backgroundColor:['#0f03'],
18        borderColor:['green'],
19        borderWidth:1,
20      },
21      {
22        label: '2021年',
23        data: [12300, 9870, 8520, 6540, 4320],
24        backgroundColor:['#00f3'],
25        borderColor:['blue'],
26        borderWidth:1,
27      }]
28
29    },
30    options:{ ⋯⋯⋯⋯⋯⋯⋯⋯⋯⋯⋯⋯
31      plugins:{
32        title: {
33          display:true,
34          align:'start',
35          text:'Sales by branch',
36          color:'red',
37          font:{ size: 32, style:'italic',  }
38        },
39        subtitle: {
40          display: true,
41          align:'start',
42          text: '〜各支店ごとの売上の推移〜',
43          color:'red',
44          padding: { bottom:30 },        ⋯⋯⋯⋯ 1
45          font:{ size: 16 }
46        },
47        legend: {
48          isplay: true,
49          position:'right',
50          align:'start',
51          labels:{
52            font:{ size: 18, weight:'bold' },
53            color: '#009',
54          }
55        },
56      }
57    } ⋯⋯⋯⋯⋯⋯⋯⋯⋯⋯⋯⋯⋯⋯⋯⋯⋯⋯⋯⋯
58  });
59  </script>
```

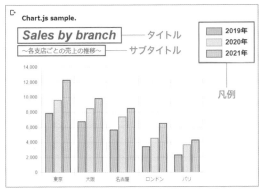

図5-7-1　タイトル、サブタイトル、凡例のオプションを設定したもの

　これを実行すると、チャート上部の左側に赤いテキストでタイトルとサブタイトルが表示されます。またチャート右上には凡例が表示されます。コードを見ると、dataでデータセットの設定などをした後、以下のような形でオプションの設定が追記されているのがわかるでしょう（**1**）。

```
options:{
  plugins:{
    title: {
      ……内容……
    },
    subtitle: {
      ……内容……
    },
    legend: {
      ……内容……
    }
  },
}
```

　このようにしてタイトル・サブタイトル・凡例の表示設定が用意されていたのです。オブジェクトリテラルの書き方がわかれば、これらの設定を作成するのはそう難しくはありません。サンプルのコードにある設定を色々と書き換えて表示を確かめてみましょう。

08 さまざまなチャート

　ここまでのサンプルは、すべて棒グラフを使っていました。しかしChart.jsでは、棒グラフ以外のものも作ることができます。

　グラフの種類は、`type`プロパティで設定していましたね。用意されているチャートの種類には以下のものがあります。

typeプロパティ	チャートの種類
bar	棒グラフ
line	折れ線グラフ
pie	円グラフ
doughnut	ドーナツ状の円グラフ
polarArea	鶏頭図
radar	レーダーチャート
bubble	バブルチャート
scatter	散布図
area	エリアチャート

　ビジネスシーンでは、棒グラフ〜円グラフあたりがよく利用されるものでしょう。鶏頭図〜散布図あたりのものは、ビジネスシーンではあまり一般的ではないかもしれませんが、データを多用する分野ではよく用いられています。それぞれの分野に応じてよく利用するタイプのものを`type`に指定して利用しましょう。

09 折れ線グラフの表示

では、棒グラフと並んで利用頻度が高い「折れ線グラフ」を使ってみましょう。折れ線グラフは、棒グラフと同じようにデータセットを用意し、type:'line'を指定するだけで表示させることができます。

ただし、折れ線グラフでは、線と値を示すドットに関する更に細かな設定が行えるようになっています。実際にサンプルを見ながら設定の仕方を説明しましょう。〈script〉部分の内容を以下のように書き換えて下さい。なお、datasetsの中のborderwidth（3か所）は削除しています。

リスト5-9-1

```
01  <script>
02  const ctx = document.querySelector('#chart');
03  const chart = new Chart(ctx, {
04    type: 'line',
05    data: {
06      labels: ['東京', '大阪', '名古屋', 'ロンドン', 'パリ'],
07      datasets: [{
08        label: '2019年',
09        data: [6780, 5670, 3450, 5670, 6560],
10        backgroundColor:['#f003'],
11        borderColor:['red'],
12      },
13      {
14        label: '2020年',
15        data: [9630, 8520, 6540, 7410, 3690],
16        backgroundColor:['#0a03'],
17        borderColor:['green'],
18      },
19      {
20        label: '2021年',
21        data: [12300, 9870, 4560, 8520, 1230],
22        backgroundColor:['#00f3'],
23        borderColor:['blue'],
24      }]
25    },
26    options: {
27      elements: {
28        point: {
29          radius:15,
30          pointStyle:'rectRot',
31        },
32        line: {
33          tension: 0.35,
```

```
34          borderWidth:5,
35          fill:true,
36        }
37      }
38    }
39 });
40 </script>
```

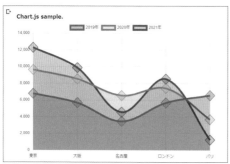

図5-9-1　折れ線グラフ。エリアチャートのように内側を塗りつぶしてある（わかりやすいようポイントを大きく設定しています）

実行すると折れ線グラフが表示されますが、チャートの描き方がかなり一般的なものとは違っているのがわかるでしょう。チャートに関する細かな設定を用意しているため、このようにカスタマイズされたチャートになりました。

折れ線グラフのオプション設定

このグラフの表示のために、オプション設定にグラフ関連のものを用意しています。先にタイトルや凡例を設定したoptions内に、チャートの表示に関する「elements」という項目を用意し、そこに必要な情報を用意していきます。
optionsの構成を整理すると、以下のようになるでしょう。

```
options: {
  elements: {
    point: {
      ……ポイントの設定……
    },
    line: {
      ……ラインの設定……
    }
  }
}
```

elementsの中には、pointとlineという2つの項目を用意できます。これら
に、ポイント（折れ線グラフの各値を示す強調表示）とライン（線の表示）に関す
る設定を用意できます。ここでは、以下のような項目を用意しました。

pointの設定

radius	ポイントの大きさを数値で指定します。
pointStyle	ポイントの形状を指定します。ポイントの形状は以下のようなものが用意されています。'circle'、'cross'、'crossRot'、'dash'、'line'、'rect'、'rectRounded'、'rectRot'、'star'、'triangle'

lineの設定

tension	ベジエ曲線のテンション（張力）を指定します。ゼロ以上を指定することで、直線からなめらかな曲線へと変わります
fill	trueに設定すると、線の下部を塗りつぶしてエリアチャートのように表示させます

　この他、lineにはborderWidthの値が用意されています。ここに設定を用意
しておくことで、すべてのデータセットに設定が適用されることになり、各データ
セットに設定を用意する必要がなくなります。
　pointとlineには、この他にも多数の設定項目が用意されていますが、ここで
使ったものだけでも覚えれば、チャートの表現がより柔軟に行えるようになるでしょ
う。

Chapter 5

10 円グラフの表示

棒グラフや折れ線グラフは数値をそのままグラフ化するものです。これに対し、全体の中の割合をグラフ化するのが「円グラフ」です。円グラフに似たものに「ドーナツチャート（中央に穴が空いたもの）」というものもありますが、チャートの種類としては同じものと考えてよいでしょう。

これは、typeを「pie」あるいは「doughnut」にすることでチャートを作成できます。一応、それぞれ名前をつけて分けてありますが、実はどちらもチャートとしては同じです。後述しますが、中央にグラフが描かれない領域をとったものがドーナツチャート、そうした領域を取らないものを円グラフといっているだけです。

この円グラフも、チャートの表示に関する設定がいくつか用意されています。では、これもサンプルを見ながら説明しましょう。<script>部分の内容を以下に変更して下さい。なお、コードを記述した<scrip>の手前に、CDNのリンクとなる<script>もありますが、これも一緒に記述して下さい。

リスト5-10-1

```
01  <script src="https://cdn.jsdelivr.net/npm/chartjs-plugin- ⊟
    datalabels@2.0.0"></script>
02  <script>
03  const ctx = document.querySelector('#chart');
04  Chart.register(ChartDataLabels);  ……… 1
05
06  const data = [7890, 6780, 5670, 3450, 2340];
07  let total = 0;
08  for(let i in data) {
09    total += data[i];
10  }
11  function percent(n) {
12    const fmt = new Intl.NumberFormat('ja', { style: 'percent'});  ……… 2
13    return fmt.format(n / total);  ……… 3
14  }
15
16  const chart = new Chart(ctx, {
17    type: 'pie',
18    data: {
19      labels: ['東京', '大阪', '名古屋', 'ロンドン', 'パリ'],
20      datasets: [ {
21        label: '2021年',
22        data: data,
23        backgroundColor:['#f003','#0f03','#00f3','#ff03','#0ff3',],
24      } ]
```

```
25      },
26      options: {  ┄┄┄┄┄┄┄┄┄┄┄┄┄┄┄┄┄┄┄┄
27        cutout:'25%',
28        radius:'90%',
29        rotation: 90,
30        hoverOffset:5,
31        hoverBorderWidth:5,
32        hoverBorderColor:'#333',  ┄┄┄┄┄┄ 4
33        elements: {
34          arc: {
35            borderWidth:3,
36            borderColor:'#999',
37          }
38        },  ┄┄┄┄┄┄┄┄┄┄┄┄┄┄┄┄┄┄┄┄
39        plugins: {  ┄┄┄┄┄┄┄┄┄┄┄┄┄┄┄┄┄┄┄┄
40          datalabels: {
41            color: '#666',
42            font: {
43              weight: 'bold',
44              size: 20,  ┄┄┄┄┄┄ 5
45            },
46            formatter: (value, ctx) => {
47              return percent(value);
48            },
49          }
50        }  ┄┄┄┄┄┄┄┄┄┄┄┄┄┄┄┄┄┄┄┄
51      }
52    });
53    </script>
```

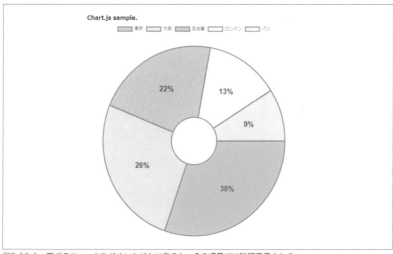

図5-10-1　円グラフ。マウスポインタが上に来ると、その項目だけ強調表示される

実行すると、円グラフ（中央に空白があるので正確にはドーナツチャート）が表示されます。この円グラフでも、options内に設定が用意されていますね（**4**）。これは、以下のような形で記述されています。

```
options: {
  ……設定項目……,
  elements: {
    arc: {
      ……円弧の設定……
    }
  }
}
```

　options内には、チャート全体に関する設定が用意されています。そしてその中の「elements」項目内の「arc」には、円グラフのデータの表示である円弧の設定が用意されます。
　では、optionsに用意されている円グラフ関係の設定について簡単に説明しておきましょう。

cutout	中央の空白部分の割合を指定します。これは、'25%' というようにテキストで記述します
radius	チャートが表示されるエリア内での円グラフの円の大きさを指定します。これは '90%' というように割合をテキストで指定します
rotation	グラフが開始される角度を指定します。デフォルトはゼロで、真上から右回りに表示されます。これを例えば90にすると、90度右回りに回転した位置から表示されます
hoverOffset	マウスポインタが上にあるとき円弧を外側に移動して強調するものです。その移動幅を数値で指定します
hoverBorderWidth	強調表示するときのボーダーの太さを設定します
hoverBorderColor	強調表示するときのボーダーの色を設定します

　この他、arc内に円弧の線の設定がありますが、これらはこれまで棒グラフなどで利用してきた設定なので改めて説明はいらないでしょう。options内ではチャート全体の設定を行い、arc内は円グラフの円弧についての設定を行っているのですね。

ラベルを表示する

　デフォルトの状態では、各円弧の部分には何も表示されず、マウスポインタが移動するとラベルと値がポップアップして表示するだけです。しかし円グラフというのは、数値よりも割合を表すのに使うことが多いものです。したがって、数値と同時にパーセント表示がされたほうが便利ですね。

　そこで、ここでは「DataLabels」というChart.jsのプラグインを使って、パーセントの値を各円弧に表示するようにしてあります。DataLabelsは、Chart.jsで各項目にラベル表示をするためのプラグインです。これは、https://cdn.jsdelivr.net/npm/chartjs-plugin-datalabels@2.0.0というURLで利用できます。

　また、このプラグインを利用するためには、Chart.jsを使う前にプラグインの登録を行っておく必要があります。

[書式] DataLabelsプラグインの登録

```
Chart.register(ChartDataLabels);
```

Chapter 5

　これでプラグインが動作するようになります。

　プラグインは、設定オブジェクトに「plugins」という項目を用意し、その中にプラグインの設定情報を用意するようになっています。ChartDataLabelsの場合、optionsの項目の後に以下のような形で設定を記述します。

```
plugins: {
  datalabels: {
    color: ラベルの色,
    font: { フォントの設定 },
    formatter: (value, ctx) => {
      return 表示する値;
    },
  }
}
```

　これで、それぞれの円弧にラベルを表示できるようになります（**5**）。表示する値は、formatterという項目に関数で指定します。ここでは、(value, ctx) => {……} というアロー関数が設定されていますね。この関数では、valueという引数で項目の値が渡されるので、それを使って表示するテキストを作成しreturnします。

パーセント表示の作成

　この formatter でパーセント表示の値を return すれば各項目に%の値が表示されるようになるのですが、Chart.js には値を自動的に%に変換するような機能がありません。そこで今回のサンプルでは、あらかじめ用意しておいた percent という関数を呼び出しています。

　この関数は、引数の数値をパーセント表記にしたテキストを作成して返すものです。これは、JavaScriptにある「Intl.NumberFormat」というオブジェクトを使います（❷）。これは数値のフォーマットを行うためのオブジェクトです。

```
const fmt = new Intl.NumberFormat('ja', { style: 'percent'});
```

　これで、値をパーセント表示にフォーマットするためのオブジェクトが作成されます。後は、このオブジェクトの「format」というメソッドを使ってフォーマットされたテキストを作成します（❸）。

```
return fmt.format(n / total);
```

　関数に渡された値を total で割った値を format でフォーマットしていますね。total は、あらかじめデータの合計を計算して保管してある変数です。n / total で値 n の割合が計算できるので、それを format すればパーセント表示のテキストが作成できます。

　各項目にパーセント表示をする部分は、プラグインを使うためちょっとわかりにくかったでしょう。パーセント表示以外の部分は、Chart.js で基本的な設定をするだけで作れますので、まずは基本の円グラフを描けるようになりましょう。ラベル表示とパーセントの表示は、それらができるようになった後で「こういうおまけの機能もある」というぐらいに考えておきましょう。

チャートの作成についてはだいたい理解できたことと思いますが、最後に「チャートで使うデータ」の扱いについても触れておきましょう。

ここまで、データはあらかじめ配列として用意しておくようにしていました。しかし、実際の業務となると、いちいちコードに直接数値を記入して……などとはやってられません。あらかじめ用意されているデータをそのまま利用してチャートを作成できるようにしたいでしょう。

そこで、CSV ファイルを読み込んでチャート化する方法を紹介しておきましょう。CSV ファイルは、Chapter 4 でも使いました。スプレッドシートなどのデータを他で利用するような場合に用いられるフォーマットでしたね。このCSV ファイルとしてデータを作成します。

では、CSV ファイルを作成しましょう。Chapter 4 で、Google スプレッドシートを使ってCSV ファイルを作る手順を説明しました。今回も同じ方法で作成をします。まずGoogle スプレッドシートを起動して、シートに簡単なデータを記述しておきます。ここでは以下のようなものを作成します。

リスト5-11-1（CSV ファイル）

```
01  支店名    前期     後期
02  東京      9870    8760
03  大阪      6540    7650
04  名古屋    3210    3450
```

	A	B	C	D
1	名前	メール	電話	
2	太郎	taro@yamada	090-999-999	
3	花子	hanako@flower	080-888-888	
4	サチ子	sachikohappy	070-777-777	
5	イチロー	ichiro@baseball	060-666-666	
6	ジロー	jiro@change	050-555-555	
7				
8				

図5-11-1　Google スプレッドシートでデータを作成する

ここでは、最上列に各列の名前を記述しています。そして一番左のA列に各データの項目名を記述し、以下、B列、C列、……というように列ごとにデータの値を記述していきます。ここではB列とC列の2列のみデータを用意してありますが、D列、E列ともっとデータ列を増やしても問題ありません。またデータ数も、ここで

は東京・大阪・名古屋の3点のみですが、更に行数を増やしても問題ありません。

データができたら、「ファイル」メニューの「ダウンロード」から「カンマ区切り形式（.csv）」メニューを選んでダウンロードします。これがCSVファイルです。

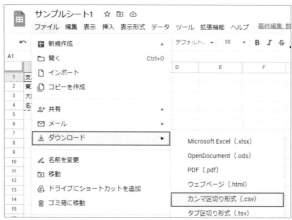

図5-11-2　メニューを選んでCSVファイルをダウンロードする

Chart.jsのコードを作成する

では、チャート作成のコードを作りましょう。今回も〈script〉部分を書き換えます。なお、リスト5-10-1で追加したプラグインのCDN用の〈script〉部分は削除しても構いません。

リスト5-11-2

```
01 <script>
02 const ctx = document.querySelector('#chart');
03
04 function dochange(event) { ·······························
05   const file = event.target.files[0];
06   if (file) {
07     const reader = new FileReader();
08     reader.readAsText(file);
09     reader.onload = (event2)=> {                          1
10       const src = event2.target.result;
11       const [heads, body] = createData(src);
12       createChart(heads, body);
13     }
14   }
15 } ···························································
16
17 // CSVデータから2次元配列を作る
```

```
18  function createData(src) {  ·······························
19    const rows = [];
20    const data = src.split('\r\n');  ········ 3
21    const heads = data[0].split(',');
22    const body = [];
23    for(let i in heads) {
24      body.push([]);
25    }
26    for(let i in data) {  ······················
27      if (i == 0) { continue; }                                 ········· 2
28      let row = data[i];
29      if (row == undefined) { break; }
30      const r = row.split(',');  ········· 4
31      for(let j in body) {
32        body[j].push(r[j]);
33      }
34    }  ·······································
35    return [heads, body];
36  }  ·····································
37
38  // 2次元配列をもとにチャートを作る
39  function createChart(heads,body) {·········································
40    const colors = ['#00f3','#0f03','#f003','#0ff3','#f0f3','#ff303'];
41    const dataset = [];
42    for(let i in body) {
43      if (i == 0) { continue; }
44      dataset.push({
45        label: heads[i],                                            ··5
46        data: body[i],
47        backgroundColor:colors[(i - 1) % colors.length],
48        borderColor:['#666'],
49        borderWidth:1,
50      })
51    }  ·······································
52    new Chart(ctx, {
53      type: 'bar',
54      data: {
55        labels: body[0],
56        datasets: dataset
57      },
58    });
59  }
60  </script>
61  <div><input type="file" onchange="dochange(event);"></div>  ········ 6
```

図5-11-3　実行すると、ファイルを選択するボタンだけが表示される

　このサンプルを実行すると、画面にはチャートが表示されず、ファイルを選択するためのボタンだけが表示されます。これをクリックして、先ほど保存したCSVファイルを選択して下さい。するとファイルのデータを読み込んでバーチャートを表示します。

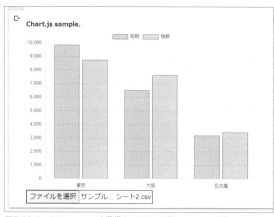

図5-11-4　CSVファイルを選択するとそれを元にチャートを描く

データの生成

　ここでは、ファイルを選択するとdochange関数が呼び出されます（■、⑥）。ここでファイルからCSVデータのテキストを読み込んでいます。

　読み込んだCSVデータは、Chart.jsで使えるように加工する必要があります。これを行っているのがcreateData関数です（❷）。そして加工されたデータを使ってチャートを描いているのがcreateChart関数です（❺）。

　createData関数で行っているのは、読み込んだCSVをもとにChart.jsで利用できるデータを生成することです。ここでは2つのデータを用意しています。

heads	A2〜A4に書かれている加工項目名の配列
body	B2〜C3に書かれているデータの2次元配列

　注意が必要なのはbodyの2次元配列です。この配列から順にデータを取り出してdatasetのdataに設定していきます。ということは、各列のデータがdataに用意されていないといけません。つまり、こういうことです。

```
[ A列のデータの配列 , B列のデータの配列 , ……]
```

　CSVデータを、splitを使って改行で分解していくと、配列の中に各行のデータの配列が入る形になります（**3**）。そこで行データをsplitを使ってカンマで分解したら、その1つ1つの値がbody内の各配列に追加されていくようにしてデータを作成しています（**4**）。

　このあたりをきちんと理解するには、CSVと2次元配列の扱いにもう少しなれていなければいけないでしょう。とりあえず現時点では、createDataとcreateChartの使い方だけわかっていれば十分です。これらのcreateDataにCSVデータを引数に指定して呼び出せばデータが取り出せ、それを引数に指定してcreateChartを呼び出せばチャートが描かれる。この基本的な流れだけしっかり理解して下さい。そうすれば、CSVデータを簡単にチャートにできるようになります。

Chapter 5

12 データの更新で変化する チャートを作ろう

　以上、Chart.jsによるチャートの作成について説明をしました。Chart.jsは、設定の書き方が少し複雑でわかりにくいのですが、それさえ書けるようになれば、チャートを表示するのに難しいコードをほとんど必要としません。またデータの構造さえ正しく指定すれば、作ったチャートのデータを後から改変し、グラフを変更することも簡単です。

　単純に「データをチャートにして表示する」という用途だけに使うこともできますが、Chart.jsの真価は「チャートを変化させる」ところにある、といえるでしょう。データを変更しチャートを更新するとアニメーションしながらなめらかにチャートが変化します。Chartオブジェクトの値を操作するだけなので、複雑なコードも必要ありません。

　Chart.jsを使いこなすには、一にも二にも「データセットの構造」をしっかり理解することです。そこさえきちんとおさえれば、思った以上にスムーズにチャートを操作できるようになるでしょう。

　自由にチャートが作れるようになると、チャートを利用したレポート作成などが格段に楽になります。Chapter 4で紹介したJspreadsheetでデータを表として作成し、Chart.jsでチャート化すれば、データをわかりやすく提示できるようになります。

　Colaboratoryを使ってこれらの表やチャートを作成し、間にMarkdownで説明を挟めば、効率よくレポートが作成できます。また作った後で表示の順番を入れ替えるのも簡単ですし、後から「データが変更された」という場合もセルを再実行させれば最新の状態に更新されます。作ったレポートの共有や、プロジェクトメンバーによる閲覧、コメント付けなども簡単に行なえますね。

　作るのが簡単なだけでなく、作った後の利用まで考えたなら、ColaboratoryでJavaScriptライブラリを活用する利点がよくわかるのではないでしょうか。

Chapter **6**

Wordファイルを
生成しよう

この章のポイント
・docxのDocumentとParagraphについてしっか
り理解しよう
・Paragraphで段落を作れるようになろう
・イメージの追加に挑戦しよう

01 Wordファイルを作成しよう
02 Documentオブジェクトの作成
03 Sectionを追加する
04 サンプルファイルを作成してみる
05 見出しの設定
06 テキストのスタイルを設定する
07 イメージを扱うには？
08 イメージファイルをドキュメントに追加する
09 ヘッダーとフッター
10 様々な処理結果を書き出そう

01 Wordファイルを作成しよう

「プログラミングで何かをする」というとき、どんな用途に使えれば便利でしょうか。いろいろな用途が考えられるでしょうが、業務でプログラミングを使いたいという人の多くは「ファイルの作成」を考えているのではないでしょうか。

例えば各種データをファイルに保存したり、簡単なレポートやドキュメントなどを必要に応じて自動生成する。そういうことがプログラミングで簡単にできれば、学んでみようと思えるでしょう。

ここでは、おそらくドキュメント作成で最も広く使われている「Microsoft Word」のファイルをJavaScriptで生成する手法について説明をします。これができるようになれば、必要に応じてWordのファイルを自動的に作れるようになります。なお、作ったファイルはWordがないと開けません。もしMicrosoft Officeなどを持っておらずWordが使えない、という人は、作成したファイルをGoogleドキュメント（https://docs.google.com/）で開いて使いましょう。GoogleドキュメントはGoogleのアカウントがあれば誰でも無料で利用できます。

Wordのファイルを作成するライブラリは「docx」というものです。これは以下のアドレスでドキュメント等が公開されています。

https://docx.js.org/

💡 docxを利用する

では、docxを利用する手順を説明しましょう。docxはNode.jsなどを使ってインストールする前提でドキュメント等が作られています。しかし、CDNでライブラリを読み込む形（P.072参照）でも利用することは可能です。

docxをHTML内から利用するには、以下のタグを記述します。

```
<script src="https://cdn.jsdelivr.net/npm/docx@7.1.1/build/index.min.js"></script>
```

これでdocxライブラリが読み込まれ、利用できるようになります。読み込まれたライブラリは、「docx」というオブジェクトになっています。ここから必要な機能を取り出して使っていきます。

02 Documentオブジェクトの作成

　では、docxでWordのファイルを作成する手順を説明していきましょう。これには、いくつもの複雑なオブジェクトを作成し組み合わせていく必要があります。少し長くなりますが、少しずつ順番に説明していきましょう。

　Wordファイルは、「Document」というオブジェクトとして作成します。これは、Wordのドキュメントとなるオブジェクトです。このオブジェクトを作成して保存すれば、それがWordファイルになるわけです。

　このオブジェクトは、以下のように作成をします。

[書式] Documentオブジェクトの作成

```
new docx.Document( オブジェクト );
```

　Documentオブジェクトは、docxのDocumentというプロパティとして用意されています。newというオブジェクトを作成するためのキーワードを使ってDocumentオブジェクトを作成します。

　引数には、作成するドキュメントに関する情報をまとめたオブジェクトを指定します。これは、以下のようなオブジェクトリテラルとして用意します。

```
{
  creator: 作成者,
  description: コメントのテキスト,
  title: タイトル,
  sections:[……ドキュメント内容……]
}
```

　見ればわかるように、ドキュメントに関する細かな情報が用意されています。これらは最後のsections以外はすべてテキストで値を用意します。

　sectionsは、ドキュメントの具体的な内容のデータなので他とは性質が異なります。このsectionsは複雑なオブジェクトとして値を用意する必要がありますが、最初は空の配列のままで構いません。後から必要に応じて追加していけるので、初期状態で用意する必要はないでしょう。

　というわけで、creator、description、titleの3つの値と空の配列を設定されたsectionsをオブジェクトにまとめたものを用意し、これを引数に指定してDocumentオブジェクトを作成します。

💡 Documentオブジェクトを作ってみる

　では、Documentオブジェクトを作成するまでのコードを作ってみましょう。Colaboratoryで新しいセルを用意し、以下のように記述をして下さい。

リスト6-2-1

```
01  %%html
02  <script src="https://cdn.jsdelivr.net/npm/docx@7.1.1/build/index. ⊟
    min.js"></script>
03
04  <h1>docx sample</h1>
05  <button onclick="createFile();">Create</button>   ……… 1
06
07  <script>
08  function createFile() {
09    const doc = new docx.Document({   ……… 2
10      creator: "マイナビ",
11      description: "これはサンプルで作ったファイルです。",
12      title: "サンプルドキュメント",
13      sections:[]
14    });
15    print(doc);   ……… 3
16  }
17
18  function print(obj) {
19    const dom = document.querySelector('#output-area');
20    const old = dom.innerHTML;
21    dom.innerHTML = old + '<p>' + obj + '</p>';
22  }
23  </script>
```

図6-2-1　ボタンをクリックすると、[object Object]と表示された

これを実行すると、セルの下に「Create」というボタンが表示されます。これを
クリックすると、その下に[object Object]という表示がされます。

　この[object Object]という表示は、何らかのオブジェクトをテキストとし
て表示したときに現れるものです。ここでは、ボタンのonclickにcreateFile
という関数を割り当てていますね（**1**）。この関数では、以下のようにしてDocument
を作成しています（**2**）。

```
const doc = new docx.Document({……});
```

　そして、作られたdocを、print(doc);というようにして表示していたのです
ね（**3**）。この[object Object]というのは、作成したDocumentオブジェク
トだったのです。まだ中身はよくわからないでしょうが、「new docx.Document
でなにかのオブジェクトが作られている」ということはこれで確認できました。ま
だWordファイル作成まで先は長いので、焦らずいきましょう。

03 Sectionを追加する

ドキュメントの内容は、Documentオブジェクトに「Section」というオブジェクトを追加して作ります。これは、Documentオブジェクトの「addSection」というメソッドで追加できます。

[書式] Sectionの追加

```
《Document》.addSection(《Section》);
```

引数に用意するSectionオブジェクトは、オブジェクトリテラルを使って作成することができます。オブジェクトの基本的な形は以下のようになります。

【書式】Sectionオブジェクトの書き方

```
{
  properties: 設定オブジェクト,
  children: 表示するオブジェクト
}
```

propertiesには、必要な設定情報などをまとめたオブジェクトを用意します。そしてchildrenというところに、実際に表示するコンテンツとなるオブジェクトを用意していきます。これは配列になっており、複数のオブジェクトをまとめて用意することができます。例えば、長いテキストなどを複数の段落のオブジェクトの配列として用意する、というようなことができるようになっています。

💡 段落のParagraphオブジェクトの作成方法

では、childrenに用意するオブジェクトを作りましょう。ここには、表示するコンテンツの内容に応じてさまざまなオブジェクトが入りますが、もっとも基本となるのは、テキストの段落を扱う「Paragraph」というオブジェクトです。これは、次のように作成します。

```
new docx.Paragraph({
  text: テキスト,
}),
```

　このParagraphにコンテンツを用意する方法はいくつかあるのですが、もっと
も簡単なのは、引数にオブジェクトリテラルを用意し、その中にtextという項目
を用意してコンテンツとなるテキストを指定する、という方法です。これで、text
で指定したテキストを扱うParagraphが作成されます。

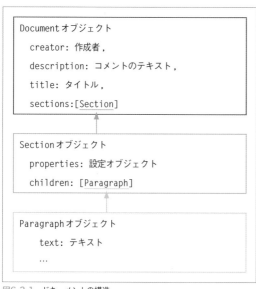

図6-3-1　ドキュメントの構造

04 サンプルファイルを 作成してみる

では、実際にWordファイルを作成してみましょう。セルに以下のようにコードを記述して実行して下さい。なお、print関数はリスト6-2-1と同じなので省略してあります。

リスト6-4-1

```
01  %%html
02  <script src="https://cdn.jsdelivr.net/npm/docx@7.1.1/build/index.⏎
    min.js"></script>
03
04  <h1>docx sample</h1>
05  <button onclick="createFile();">Generate DOCX</button>
06
07  <script>
08  function createFile() {
09    const doc = new docx.Document({
10      creator: "マイナビ",
11      description: "これはサンプルで作ったファイルです。",
12      title: "サンプルドキュメント",
13      sections:[]
14    });
15
16    doc.addSection({
17      properties: {},
18      children: [
19        new docx.Paragraph({
20          text: "サンプルで書いたテキストです。\n\n",
21        }),
22      ]
23    });
24    // ☆
25    print(doc);
26  }
27
28  function print(obj) {
29    ……リスト6-2-1と同じため省略……
30  }
31  </script>
```

実行すると、「Create」ボタンが表示されるので、これをクリックしましょう。するとボタンの下に[object Object]と表示がされます。ここでは、createFile関数の最後のところ（☆マークの後）でprint関数を呼び出してdoc

を表示しています。これで問題なく[object Object]が表示されたなら、ここまでエラーもなく正常に動いていることがわかります。

まだ、作成したドキュメントの中身はわかりませんが、とりあえず「ドキュメントにコンテンツを追加する」というところまではできました。ファイル作成まで、あと少しです！

ファイルに保存するには？

後は、作成したDocumentオブジェクトをファイルに保存するだけです。実は、この機能はdocxにはありません。そこで「FileSaver.js」というライブラリを利用します。これはWebページからデータをファイルに保存する機能を提供するものです。

では、先ほどのリスト6-4-1のコードで、冒頭にあるdocxライブラリを読み込む<script>部分の後に、以下のタグを追記して下さい。

リスト6-4-2

```
01  <script src="https://cdnjs.cloudflare.com/ajax/libs/FileSaver.js/ ↩
    2.0.5/FileSaver.min.js"></script>
```

これが、FileSaver.jsライブラリを読み込むためのものです。続いて、リスト6-4-1の☆マークの部分に以下のコードを追記して下さい。

リスト6-4-3

```
01  docx.Packer.toBlob(doc).then((blob)=>{  ……… 1
02    saveAs(blob, "sample.docx");  ……… 2
03  });
```

これで完成したDocumentをファイルに保存することができます。コードを実行し、「Create」ボタンをクリックすると、ファイルがダウンロードされます。Webブラウザの設定により、ファイルを保存するダイアログが現れファイルを保存するか、ダウンロードのフォルダに直接保存されます。

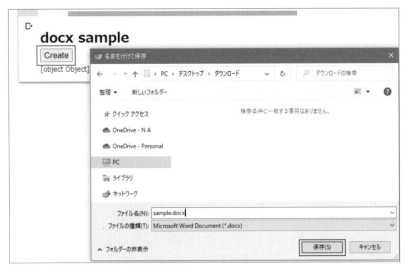

図6-4-1　ボタンを押すと、ファイルが保存できる

　保存されるファイル（「sample.docx」ファイル）は、Wordのファイルです。選択してファイルの情報を見てみましょう。Windowsなら右クリックして「プロパティ」メニューを選び、現れたウインドウで「詳細」をクリックします。macOSならば「情報を見る」メニューを選びます。

　現れたファイル情報には、ファイルの作成者に「マイナビ」、コメントに「これはサンプルで作ったファイルです。」と表示されるのがわかるでしょう。これらは、Documentオブジェクトを作成する際に設定項目として用意したものでしたね。

図6-4-2
ファイル情報を表示すると、作成者やコメントが設定されているのがわかる

そのままファイルをダブルクリックしてWordでファイルを開いてみて下さい。中に「サンプルで書いたテキストです。」というテキストが書かれているのがわかります。これは、ParagraphにTextRunオブジェクトとして用意したコンテンツです。Paragraphを利用してDocumentオブジェクトにテキストを追加したものがこうしてファイルに保存されているのです。

これで、「ドキュメントを作り、テキストを追加してファイルに保存する」という一連の処理が完成しました！

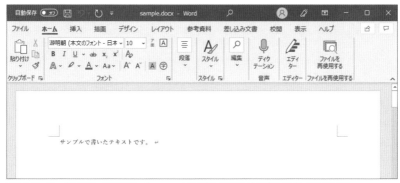

図6-4-3　ファイルをWordで開くと、Paragraphに用意したテキストが書かれているのがわかる

saveAs関数について

リスト6-4-3の②では、FileSaverの「saveAs」という関数を使ってファイルに保存をしています。この関数は、以下のように呼び出します。

```
saveAs( データ , ファイル名 );
```

データとファイル名を引数に指定すれば、そのデータが指定のファイル名で保存されます。この関数自体はとても簡単ですね。

問題は、「データをどう用意すればいいか」です。ここで保存するファイルは、Wordのdocxファイルというものです。これは、テキストファイルのようにデータがテキストで書かれているものではありません。バイナリデータといって、プログラムが作成するデータをそのまま書き出したものです。

⏻ Blobデータについて

saveAsでバイナリデータを保存する場合、バイナリデータを「Blob」と呼ばれる形式として取り出す必要があります。これは、docxに用意されている「Packer」というオブジェクトを使います。これはさまざまなデータをまとめて処理するための機能を提供するものです。この中にある「toBlob」メソッドを使います（リスト6-4-3の■）。

[書式] toBlob メソッドの使い方

```
docx.Packer.toBlob(《Document》).then((blob)=>{
    ……保存処理……
});
```

これが、toBlobメソッドでBlobデータを生成し、それを使ってファイルを保存するための記述の仕方です。随分複雑な感じがしますね。これは、toBlobというメソッドが「非同期メソッド」というものであるためです。

普通のメソッドは、それが呼び出され、処理が完了すると次に進みます。けれど非同期メソッドは、呼び出されたら、まだそのメソッドの処理が実行中でもすぐに次の処理に進むのです。そして実行中の処理はバックグラウンドで現在実行している処理と同時並行して処理されていきます。

⏻ 非同期処理とは？

非同期処理は、時間のかかる処理などを行う場合に使われます。この非同期処理は、皆さんの身近なところで使われています。

例えば、WebブラウザでWebページをロードする時を考えてみて下さい。ページのロードが完了する前でもWebブラウザを操作できますね？　これは、「ページのロード」と「Webブラウザの操作」という2つの処理が同時並行して行われるからです。Webページのロードには時間がかかることもありますから、「完全にロードが終わるまで他のことができない」となると、まるで暴走したようになってしまいます。そこで時間がかかる処理は非同期にすることで待たずに次に進めるようにしているのですね。

非同期処理は、メインの処理とは別に並行して処理が実行されます。メインプログラムとは別に動いているので、「終わったら次はこれをする」ということをメインプログラムに用意しておくことができません。そこで、「非同期処理の完了後の処理」というのをどうするか考えておかないといけません。

このtoBlobは、Blobデータへの変換作業が完了すると、その後のthenメソッ

ドの引数に用意してある関数を呼び出すようになっています。thenの引数は、こうなっていますね？

```
(blob)=>{……}
```

　これは「アロー関数」というものでしたね。この関数には、引数が1つだけ用意されています。この関数が呼び出されると、toBlobで変換して得られたBlobデータがこの引数に渡されるのです。

　後は、引数で渡されたBlobデータをsaveAs関数でファイルに保存するだけです。これで、Documentオブジェクトの内容がそのままdocxファイルとして保存できます。

　整理すると、このようになります。

「toBlobを呼び出す」→「終わったらthenの引数の関数を呼び出す」→「関数内で、引数に渡されたblobデータをsaveAsで保存する」

　この一連の流れをよく理解しましょう。非同期処理は非常にわかりにくいので、これから先、何度も実際に試しながら少しずつ使い方を覚えていきましょう。

05 見出しの設定

　単純にテキストを表示するだけならParagraphを作って追加していくだけで済みます。しかし、少しは体裁を整えたいと思ったら、テキストにさまざまな属性を設定していく必要があるでしょう。

　まず、段落単位での設定から行ってみましょう。Wordには、段落ごとに割り当てる設定がいくつかあります。例えば「位置揃え」の設定。また、あらかじめ用意されているスタイル（「見出し」など）も段落単位で割り当てられますね。

　こうしたものは、Paragraphの設定オブジェクトに項目を用意して指定することができます。段落ごとに用意されている見出しスタイルと位置揃えを指定してParagraphを作成する場合、以下のような形になるでしょう。

【書式】Paragraphの作成

```
new docx.Paragraph({
  text: テキスト,
  heading:《HeadingLevel》,
  alignment: 《AlignmentType》,
}),
```

　見出しの設定は「heading」という値として用意します。これはdocxの「HeadingLevel」というオブジェクトを使って指定します。このオブジェクトには以下のような値が用意されていて、これらをheadingに指定します。

TITLE	タイトルのスタイル
HEADING_1〜HEADING_6	見出しのスタイル。6段階用意されている

　「alignment」は、テキストの位置揃えを指定するものです。これは、docxの「AlignmentType」というオブジェクトに値がまとめられています。この中にある「LEFT」「CENTER」「RIGHT」といった値を指定することで段落の位置揃えを設定できます。

 見出しと位置揃えを指定する

　では、実際にこれらの設定を行ってみましょう。先ほどのリスト6-4-3に手を加

え、doc.addSectionの部分（doc.addSectionからdocx.Packer.toB-lob(doc).then((blob)の手前まで）を以下のように書き換えて下さい。

リスト6-5-1

```
01  doc.addSection({
02    properties: {},
03    children: [
04      new docx.Paragraph({
05        text: "Hello docx!",
06        heading: docx.HeadingLevel.TITLE,  ········ 1
07        alignment: docx.AlignmentType.CENTER,
08      }),
09      new docx.Paragraph({
10        text: "This is sample document",
11        heading: docx.HeadingLevel.HEADING_1,
12        alignment: docx.AlignmentType.LEFT,
13      }),
14      new docx.Paragraph({
15        text: "This is sample document",
16        heading: docx.HeadingLevel.HEADING_2,
17        alignment: docx.AlignmentType.RIGHT,
18      }),
19    ]
20  });
21  docx.Packer.toBlob(doc).then((blob)=>{
22    saveAs(blob, "sample.docx");
23  });
```

図6-5-1　見出しと位置揃えを変更してテキストを表示する

　セルを実行し、「Create」ボタンをクリックしてファイルを保存しましょう。そしてそのファイルをWordで開いてみて下さい。3つのテキストが、それぞれ見出しのスタイルと位置揃えを変えて表示されます。

　ここで作成しているParagraphを見てみましょう。最初のParagraphは、以下のように作られていました。

```
new docx.Paragraph({
  text: "Hello docx!",
  heading: docx.HeadingLevel.TITLE,    ········ ■
  alignment: docx.AlignmentType.CENTER,    ········ ■
}),
```

headingに、docx.HeadingLevel.TITLEと値が設定されていますね（■）。これでタイトルのスタイルが段落に設定されます。HeadingLevelの値は、このようにHeadingLevelのプロパティとして値を指定します。

同様に、alignmentの値は、docx.AlignmentTypeからCENTERプロパティを指定しています（■）。これでこの段落は中央揃えになります。

このように、docxのオブジェクトにあらかじめ用意されている値を指定するだけで、簡単に見出しの設定が行えるようになっています。

06 テキストのスタイルを設定する

見出しのようにあらかじめ設定されているスタイルではなく、テキストごとにフォントやサイズ、スタイルを設定したい場合は、Paragraph内に「TextRun」というオブジェクトを使ってテキストを用意します。このTextRunは、細かくスタイルなどを設定したテキストのオブジェクトです。このTextRunをいくつも用意してつなげていけば、細かくスタイルを設定したテキストができる、というわけです。

Paragraphに細かくテキストを指定する場合は、textプロパティを使わず、以下のような形で表示テキストを作成します。

[書式] Paragraphオブジェクトにテキストを指定する

```
new docx.Paragraph({
  children: [
    ……TextRunを必要なだけ用意……
  ],
});
```

Paragraphの引数オブジェクトに「children」という項目を用意し、ここにTextRunオブジェクトの配列を用意します。これで、TextRunのオブジェクト全体を1つの段落にまとめたものが作成できます。

Chapter 6

TextRunオブジェクトの作成

では、childrenに用意するTextRunオブジェクトはどのように作成するのでしょうか。これは、以下のような形で作成します。

[書式] TextRunオブジェクトの作成

```
new docx.TextRun({
  text: テキスト,
  color: カラー,
  bold: 真偽値,
  italics: 真偽値,
  strike: 真偽値,
  doubleStrike: 真偽値,
  superScript: 真偽値,
  subScript: 真偽値,
  underline: { type:種類, color:色 },
  font: フォント名,
```

```
   size: 数値,
})
```

多数の項目が用意されていますが、これはすべて用意する必要はありません。こ
の中で、必ず用意しないといけないのはtextだけです。後は、設定したいスタイ
ルの項目だけ用意すればいいのです。

テキストにスタイルを設定する

では、実際にスタイルを設定してみましょう。先ほどと同様に、リスト6-5-1の
doc.addSectionメソッドの部分を以下のように書き換えて下さい。

リスト6-6-1

```
01  doc.addSection({
02    properties: {},
03    children: [
04      new docx.Paragraph({
05        children:[
06          new docx.TextRun("これはサンプルのテキストです。"),
07          new docx.TextRun({ ·······························
08            text: "サンプルのテキストです。",
09            color: 'ff0000',                              ··········· 1
10            underline:{ type:"single", color:"ff00ff" },
11          }), ························
12          new docx.TextRun({
13            text: "サンプルのテキストです。",
14            color: '00ff00',
15            bold:true,
16          }),
17          new docx.TextRun({
18            text: "サンプルのテキストです。",
19            color: '0000ff',
20            italics:true,
21          }),
22        ],
23      }),
24      new docx.Paragraph(""),
25      new docx.Paragraph({
26        children:[
27          new docx.TextRun({
28            text: "これはサンプルのテキストです。",
29            size: 24,
30          }),
31        ],
32      }),
33      new docx.Paragraph(""),
```

```
34      new docx.Paragraph({
35        children:[
36          new docx.TextRun({
37            text: "これはサンプルのテキストです。",
38            size: 32,
39          }),
40        ],
41      }),
42    ]
43  });
```

図6-6-1　テキストのスタイルを設定する

　実行し、ボタンをクリックしてWordファイルを作成して下さい。これを開くと、さまざまなスタイルが設定されたテキストが表示されます。

　どのようにスタイルを設定しているのか、例として赤い色と下線を設定したTextRunの作成部分を見てみましょう（1）。

```
new docx.TextRun({
  text: "サンプルのテキストです。",
  color: 'ff0000',
  underline:{ type:"single", color:"ff00ff" },
}),
```

　colorに 'ff0000' と値が設定されていますね。colorの値は、このようにRGBの各色の輝度を表した16進数のテキストで指定されます。これはChapter 5でも登場した書き方ですね。

07 イメージを扱うには？

　Wordのドキュメントでは、テキスト以外にもさまざまなものを使います。例えば、イメージです。docxを使ってドキュメント内にイメージを表示させることはできるのでしょうか。

　これは、もちろんできます。ただし、そのためには、表示するイメージデータを用意しなければいけません。まず、この「イメージデータの用意」から考えることにしましょう。

　イメージを使う場合、一般的にはファイルを選択して読み込んで利用することになるでしょう。JavaScriptからファイルを利用する場合は、「FileReader」というオブジェクトを利用します。FileReaderは、<input type="file">などを使ってファイルをアップロードする際、ファイルからデータを読み込んで処理するためのものです。

　<input type="file">を使ってファイルをアップロードするのは、Chapter4でCSVファイルを利用するところで説明しました（Chapter4-05「CSVデータを読み込む」）。基本的な仕組みは同じです。<input type="file">のonchangeに関数を設定し、その中でファイルから読み込まれたデータを処理します。

💡 イメージデータ読み込みの処理

　では、dochange関数でファイルからデータを読み込んでいく処理がどうなるか、作成してみましょう。まず、ファイルを選択するHTMLタグを以下のように用意します。実際のサンプル作成はChapter6-08で行いますので、ここでは説明を読むだけで大丈夫です。

リスト6-7-1

```
01  <input type="file" onchange="dochange(event);">
```

　ここでは、onchangeイベントが発生したらdochangeという関数を呼び出すようにします。この関数は、以下のような形で用意します。

```
01  var loadImage = null;  ……… 1
02  function dochange(event) {
03    const fobj = event.target.files[0];
04    const reader = new FileReader();
05    reader.readAsArrayBuffer(fobj);  ……… 2
06    reader.onload = () => {
07      loadImage = reader.result;
08      // ☆
09    }
10  }
```

　あらかじめデータを保管するloadImageという変数を用意しておきます（1）。
nullという値を設定していますが、これは「何の値もない状態」を示す特別な値
です。そしてdochangeで、ファイルからデータを読み込み、このloadImage変
数に結果を代入します。後は、この変数を使ってデータを利用すればいいのです。

　なお、ファイルを開いた読み込んだ際に続けて何か処理を実行したければ、☆マー
クのところに処理を追記すればいいでしょう。

　dochange関数をもう少し詳しく見ていきましょう。2では、FileReaderオ
ブジェクトの「readAsArrayBuffer」というメソッドを使ってイメージデータ
を読み込んでいます。これは配列バッファ（ArrayBuffer）と呼ばれるオブジェク
トを作成するメソッドです。テキストデータ以外のもの（バイナリデータというも
のです）は、このreadAsArrayBufferを使って配列バッファのオブジェクトと
してデータを読み込んで利用します。

　このあたりは、ファイルのデータに関する知識がないと理解は難しいでしょう。
今は「この関数をコピー＆ペーストして使えば、ファイルからイメージデータを読
み込める」ということがわかれば十分です。

08 イメージファイルを ドキュメントに追加する

　これでイメージデータの扱い方がわかりました。では、用意されたイメージデータをイメージとしてWordドキュメントに追加する方法を説明しましょう。

　これには、「ImageRun」というオブジェクトを作成します。これは以下のような形でオブジェクトを作成します。

[書式] ImageRun オブジェクトの作成

```
new docx.ImageRun({
  data: イメージデータ,
  transformation: {
    width: 横幅,
    height: 高さ,
  },
}),
```

　引数には必要な情報をまとめたオブジェクトを用意します。この中には、イメージデータを設定するdataや、表示するイメージの大きさを指定するtransformationといった項目を用意します。

　このImageRunを、Paragraphのchildren内に追加すれば、それが段落に組み込まれ表示されます。イメージデータさえ用意できれば、表示は意外と簡単です。

イメージをドキュメントに追加する

　では、実際にイメージをファイルから読み込んでドキュメントに追加し保存するサンプルを作成しましょう。今回は、いろいろと細かい修正が必要になるので、全コードを掲載しておきます。

リスト6-8-1

```
01  %%html
02  <script src="https://cdn.jsdelivr.net/npm/docx@7.1.1/build/index.⏎
    min.js"></script>
03  <script src="https://cdnjs.cloudflare.com/ajax/libs/FileSaver.js/2.0.5/
    FileSaver.min.js"></script>
04
05  <h1>docx sample</h1>
06  <input type="file" onchange="dochange(event);">
```

```
07
08 <script>
09 function createFile() {
10   const doc = new docx.Document({
11     creator: "マイナビ",
12     description: "これはサンプルで作ったファイルです。",
13     title: "サンプルドキュメント",
14     sections:[]
15   });
16
17   doc.addSection({
18     properties: {},
19     children: [
20       new docx.Paragraph({
21         text: "Hello docx!",
22         heading: docx.HeadingLevel.TITLE,
23         alignment: docx.AlignmentType.CENTER,
24       }),
25       new docx.Paragraph("※イメージを表示します。"),
26       new docx.Paragraph({
27         children:[
28           new docx.ImageRun({ ⸱⸱⸱⸱⸱
29             data: loadImage,
30             transformation: {
31               width: 300,
32               height: 300,          ⸱⸱⸱⸱⸱⸱⸱⸱ 1
33             },
34           }),
35         ],
36       }), ⸱⸱⸱⸱⸱⸱⸱⸱⸱⸱⸱⸱⸱⸱⸱⸱⸱⸱⸱⸱⸱⸱⸱⸱⸱⸱⸱⸱⸱⸱⸱⸱⸱
37     ]
38   });
39   docx.Packer.toBlob(doc).then((blob)=>{
40     saveAs(blob, "sample.docx");
41   });
42 }
43
44 var loadImage = null;
45
46 function dochange(event) {
47   const fobj = event.target.files[0];
48   const reader = new FileReader();
49   reader.readAsArrayBuffer(fobj);
50   reader.onload = () => {
51     loadImage = reader.result;  ⸱⸱⸱⸱⸱⸱⸱⸱ 2
52     createFile();  ⸱⸱⸱⸱⸱⸱⸱⸱ 3
53   }
54 }
55 </script>
```

図6-8-1　ボタンをクリックし、イメージファイルを選ぶと、そのイメージを読み込んでドキュメントを作る

実行すると、セルの下にファイルを選択するボタンが表示されます。これをクリックしてイメージファイルを選んで開くと、そのファイルを読み込んだ後、Wordドキュメントが保存されます。

ファイルを保存したら、Wordで開いてみて下さい。選択したイメージが、300×300ピクセルの大きさでドキュメントに追加されているのが確認できるでしょう。

ここでは、dochange関数でファイルのイメージデータを変数loadImageに読み込んだ後（**2**）、createFile関数を呼び出してドキュメントの作成を行っています（**3**）。createFile関数の中で、以下のようにしてImageRunオブジェクトを作成しています（**1**）。

```
new docx.ImageRun({
  data: loadImage,
  transformation: {
    width: 300,
    height: 300,
  },
}),
```

data: loadImageでイメージデータを設定し、transformationで縦横幅を設定しています。これをそのままParagraphのchildrenに追加すれば、イメージがドキュメントに追加されます。

ここではそのまま追加しているだけですが、例えば、Paragraph内にalignment

を追加して表示位置を調整したりすることもできます。また他のTextRunと組み合わせて、「テキストの間にイメージが挿入される」というようなことも可能です。

図6-8-2　ファイルを開くと、選択したイメージが追加されている

画像のサイズはどうする?

　ここでは、300×300という大きさでイメージを表示しましたが、「原寸大で表示したい」「縦横の縮尺を揃えて表示したい」といった要望はあるでしょう。

　残念ながら、現在のImageRunにはそうしたオリジナルのサイズに関するメソッドやプロパティなどが用意されていません。したがって、自分で調べたイメージサイズを元にtransformationのwidthとheightを設定するしかないでしょう。

　画像のサイズを調べるには、Windowsではファイルを右クリックして［プロパティ］を選び、［詳細］タブで［イメージ］の項目を確認します。Macでは、［プレビュー］アプリで開き、［ツール］から［インスペクタを表示］を選択して［イメージサイズ］で確認します。

09 ヘッダーとフッター

　本文のコンテンツは、簡単なものならば作れるようになりました。最後に、ドキュメントのヘッダーとフッターについても説明しておきましょう。

　ヘッダーとフッターというのは、すべてのページの上部と下部に表示される領域です。ファイル名や、ページ番号などの情報をここに表示させたりします。このヘッダーとフッターは、Documentの「sections」に値を用意します。

　このsectionsは、ドキュメント全体の表示に関する情報をまとめて記述しておくところです。実はコンテンツなどもすべてここに用意しておくことができるのです。ただし、すべてこの中にまとめると、膨大な情報が一箇所に記述されることになるので、通常、コンテンツはaddSctionを使って後から追加するようにしている、ということなのです。

　このsectionsの記述を整理するとだいたい以下のようになるでしょう。

[書式] sectionsの指定

```
sections: [
  {
    properties: { ドキュメントのプロパティ },
    headers: { ヘッダー情報 },
    footers: { フッター情報 },
    children:[ コンテンツ ],
  }
]
```

　sectionsの値は配列になっており、各ページの表示に関する情報をまとめたSectionオブジェクトが用意されます。この中には、properties、headers、footer、childrenといった項目を用意することができます。

　ヘッダーとフッターは、このheadersとfootersに内容を用意します。これらの項目も、必定な情報をまとめたオブジェクトが値として用意されます。では、これらの値のオブジェクトリテラルについて簡単に説明しておきましょう。

【書式】ヘッダーの記述

```
headers: {
  default: new docx.Header({
    children: [ 表示するコンテンツ ],
  });
},
```

```
footers: {
  default: new docx.Footer({
    children: [ 表示するコンテンツ ],
  });
},
```

　ヘッダーとフッターは、オブジェクトリテラルに「default」という項目を用意します。これは、デフォルトで使われるヘッダー／フッターの設定を行うものです。

　このdefaultには、「Header」「Footer」というオブジェクトを用意します。これらは引数に表示内容をまとめたオブジェクトリテラルを用意します。children という項目に、表示するコンテンツのオブジェクトを配列にまとめて設定すれば、それらがヘッダー／フッターに表示されます。このコンテンツは、本文のコンテンツと同様に Paragraph を使って用意します。

ヘッダーとフッターを表示させる

　では、実際に簡単なヘッダーとフッターをドキュメントに設定してみましょう。今回も全コードを掲載しておきます。以下をセルに記述して実行して下さい。

リスト6-9-1

```
01  %%html
02  <script src="https://cdn.jsdelivr.net/npm/docx@7.1.1/build/ ⏎
    index.min.js"></script>
03  <script src="https://cdnjs.cloudflare.com/ajax/libs/FileSaver.js/ ⏎
    2.0.5/FileSaver.min.js"></script>
04
05  <h1>docx sample</h1>
06  <div><button onclick="createFile();">Create</button></div>
07
08  <script>
09  function createFile() {
10    const doc = new docx.Document({
11      creator: "マイナビ",
12      description: "これはサンプルで作ったファイルです。",
13      title: "サンプルドキュメント",
14      sections: [
15        {
16          properties: {},
17          headers: {
18            default: new docx.Header({
19              children: [
20                new docx.Paragraph({   ·················· 1
21                  alignment: docx.AlignmentType.RIGHT,
```

```
22                    children: [
23                      new docx.TextRun("※サンプルドキュメント"),
24                    ],
25                  }),
26                ],
27              }),
28            },
29            footers: {
30              default: new docx.Footer({
31                children: [
32                  new docx.Paragraph({            ·······················  2
33                    alignment: docx.AlignmentType.CENTER,
34                    children: [
35                      new docx.TextRun({
36                        children: ["- page ", docx.PageNumber.CURRENT, " -"],
37                      }),                                    ┊
38                    ],                                       ┊···  3
39                  }),
40                ],
41              }),
42            },
43            children: [
44              new docx.Paragraph("これは、サンプルのコンテンツです。"),
45              new docx.Paragraph("これは、サンプルのコンテンツです。"),
46              new docx.Paragraph("これは、サンプルのコンテンツです。"),
47            ],
48          },
49        ],
50    });
51    doc.addSection({
52      children: [
53        new docx.Paragraph("これは、次ページのコンテンツです。"),
54        new docx.Paragraph("これは、次ページのコンテンツです。"),
55        new docx.Paragraph("これは、次ページのコンテンツです。"),
56      ]
57    });
58
59    docx.Packer.toBlob(doc).then((blob)=>{
60      saveAs(blob, "sample.docx");
61    });
62  }
63  </script>
```

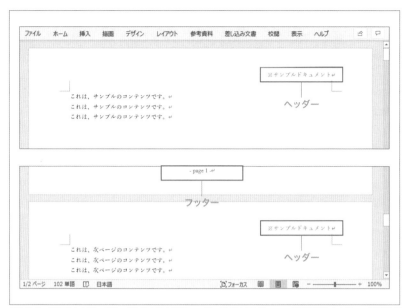

図6-9-1　保存されたWordファイルの上部右側にヘッダーが表示される。ページ下部には中央にページ番号が表示される

　これを実行し、セルに表示された「Create」ボタンをクリックしてファイルを保存しましょう。そしてWordで開いて下さい。ドキュメントの右上に「※サンプルドキュメント」と表示されています。これがヘッダーです。またページの一番下には、中央に「- page 1 -」というようにページ番号が表示されています。

　ここではheadersとfootersに、それぞれParagraphを用意して表示を作成しています（**1**、**2**）。ParagraphにはchildrenにTextRunを用意し、ここに表示する内容を記述しています。

　フッターでは、docx.PageNumber.CURRENTという値が使われていますね（**3**）。これは、そのページのページ番号を示す値です。これを使うことで、フッターに各ページの番号を表示させていたのですね。

addSectionは別ページ

　ここでは、Documentのsectionsにあるchildrenに最初のページのコンテンツを用意し、addSectionで次のページのコンテンツを用意しています。sectionsやaddSectionでオブジェクトリテラルとして用意しているSectionオブジェクトというのは、「ページ単位の表示」を扱います。つまり、複数のSectionを用意して追加すると、それぞれが別々のページとして組み込まれます。

10 様々な処理結果を書き出そう

　docxは、非常にデータの構造が複雑なため、基本的な説明をしただけで皆さんも疲労困憊してしまったかもしれません。

　ここまで来て、ようやくテキストやイメージと言った基本的なコンテンツをコードで作成できるようになりました。後は、どんなデータをどのように整理して書き出せば便利か、それぞれの業務や学習などに合わせて考えていきましょう。

　簡単な利用例として、必要な情報を入力フィールドで入力し、それを元に案内状を作成する、というサンプルをあげておきましょう。

リスト6-10-1

```
01  %%html
02  <script src="https://cdn.jsdelivr.net/npm/docx@7.1.1/build/ ⊟
    index.min.js"></script>
03  <script src="https://cdnjs.cloudflare.com/ajax/libs/FileSaver.js/ ⊟
    2.0.5/FileSaver.min.js"></script>
04
05  <h1>docx sample</h1>
06  <div>会社:<input type="text" id="kaisya"></div>          ┄┄┄┄┄┄┄┄┄┄┄
07  <div>部署:<input type="text" id="busyo"></div>          ┄┄┄┄┄ 1
08  <div>担当者名:<input type="text" id="tantou"></div>┄┄┄┄┄┄┄
09  <div><button onclick="createFile();">Create</button></div>
10
11  <script>
12  const template = [   ┄┄┄┄┄ 2
13    "拝啓、〇〇の候、貴社におかれましては益々ご盛栄のこととお喜び申し上げます。",
14    "さて、この度弊社では、新年度に向けての新製品発表会を開催する運びとなりました。",
15    "つきましては、ご多忙の折とは思いますが、ぜひともご参加いただきたくご案内申し ⊟
    上げます。",
16    "……以下略……"
17  ]
18
19  function createFile() {
20    const kaisya = document.querySelector('#kaisya').value;
21    const busyo = document.querySelector('#busyo').value;
22    const tantou = document.querySelector('#tantou').value;
23
24    const data = [];
25    for (let i = 0;i < template.length;i++) {
26      data.push(new docx.Paragraph(template[i]));
27    }
28
29    const doc = new docx.Document({
30      creator: "マイナビ",
```

```
31      description: "これはサンプルで作ったファイルです。",
32      title: "サンプルドキュメント",
33      sections: [
34        {
35          children: [
36            new docx.Paragraph({
37              text: "ご案内",
38              heading: docx.HeadingLevel.TITLE,
39              alignment: docx.AlignmentType.CENTER,
40            }),
41            new docx.Paragraph({
42              text: kaisya ,                              ········· 3
43              heading: docx.HeadingLevel.HEADING_1,
44            }),
45            new docx.Paragraph({
46              text: busyo + "  " + tantou + " 様",
47              heading: docx.HeadingLevel.HEADING_1,
48            }),
49          ].concat(data),
50        },
51      ],
52    });
53
54    docx.Packer.toBlob(doc).then((blob)=>{
55      saveAs(blob, "sample.docx");
56    });
57  }
58  </script>
```

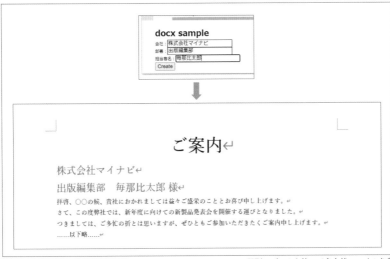

図6-10-1　入力フィールドに値を記入しボタンを押すと、template配列のデータを使って案内状ファイルを自動生成する

実行すると、会社・部署・担当者の名前を入力するフィールドが表示されます。これらを記入しボタンを押すと、案内状のファイルが自動生成されます。

　案内状の文面は、配列templateに用意してあります（**2**）。ここにテキストを用意すれば、それらをまとめて案内状を作ります。<input type="text">（**1**）から値を取り出し、new docx.Paragraphでそれらのテキストを使った段落を作成して追加しているのですね（**3**）。

　これは一例ですが、このように入力したデータや、配列などを使ってあらかじめ用意しておいたデータを組み合わせてドキュメントを作ることで、面倒な作業の多くをコードで自動生成できるようになります。

　同じようなドキュメントを何度も書いては送る、といったことにうんざりしている人は、ぜひ「docxを使ったWordファイルの自動生成」に挑戦してみましょう。

Chapter **7**

Docxtemplaterで
差し込み出力をしよう

この章のポイント

・Docxtemplater の基本コードを理解しよう
・テンプレートで簡単なデータを差し込み出力しよう
・配列データを繰り返し出力する方法を覚えよう

01 Wordとテンプレート出力
02 テンプレートファイルを作る
03 差し込み出力の流れ
04 テンプレートファイルを元に差し込み出力する
05 配列の繰り返し出力
06 条件による表示
07 関数を使った出力
08 Office Open XML を使う

01 Wordとテンプレート出力

　Chapter 6では、Wordのファイルを生成する方法について説明をしました。Wordは、ビジネスユースで最も広く使われているドキュメント作成ツールの一つです。では、具体的にどのような用途で使われることが多いでしょうか。

似たような書類を何度も作成するケースが多い

　もちろん、長い論文やレポートの執筆に使われることも多いでしょう。けれど多くの人にとって、Wordは「ちょっとしたビジネス用のドキュメントを多量に作成する」というようなことに利用されるケースが多いことでしょう。

　例えば、ちょっとした連絡事項を正式ドキュメントとして送付する。何かの案内を取引先に送付する。定例的に送らなければならない各種の報告書を作成する。そうした「似たような書類を日常的に多数作成する」ような用途でWordが使われることは多いはずです。そして、ドキュメント作成でもっとも「面倒くさい」と感じるのも、実はこうした作業ではないでしょうか。

　送付先の名前だけを書き換えた全く同じ内容のファイルを多数作って1つ1つ取引先に送る。これをいちいち手作業で行うなんて考えただけで気が遠くなります。こうしたときに役立つのが「差し込み出力」という考え方です。

差し込み出力とDocxtemplater

　「差し込み出力？　差し込み印刷なら知っているが……」と思った人。差し込み印刷は、あらかじめ指定した箇所に後からデータを差し込んで印刷することですね。差し込み出力は、そのファイル出力版です。つまり、あらかじめ値がはめ込まれる場所を指定したテンプレートファイルを用意しておき、それにデータを設定したものをWordファイルとして保存するのです。

　「すべて紙で送付」という時代ならば、差し込み印刷を使えば取引先に送付する文書を簡単に作成できました。けれど電子化が進んだ現在、各種の案内送付もメールに添付して送付完了、というところが増えています。そこで、内容の一部分だけを書き換えたファイルを作成する「差し込み出力」が必要となってくるのです。

この差し込み出力は、Wordには標準では用意されていません。しかしJavaScriptのライブラリを利用することで、差し込み出力を実装することができます。これを行ってくれるのが「Docxtemplater」というライブラリです。

https://docxtemplater.com/

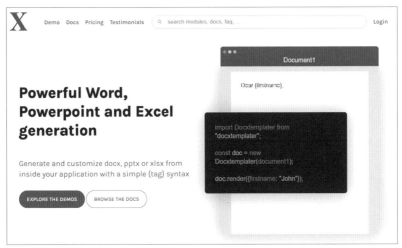

図7-1-1　DocxtemplaterのWebサイト

02 テンプレートファイルを作る

　では、Docxtemplaterを使ってみましょう。このライブラリは、あらかじめ用意しておいたWordのファイルを元に新しいファイルを作成します。つまり、事前にファイル生成のもとになるテンプレートファイルを用意しておく必要があります。

　では、実際に簡単なテンプレートファイルを作成しましょう。Wordを起動し、新しいドキュメントを開いて下さい。その中に、以下のような文を記述します。

リスト7-2-1

```
01  名前:{name}
02  メール:{mail}
03  電話番号:{tel}
```

　重要なのは、{name}、{mail}、{tel}の3つです。これらが書かれていれば、それ以外の記述はどのようになっていても構いません。またこれらのスタイルも自由に変更して構いません。

　この{}で前後をくくった記述は、Docxtemplaterで値をはめ込むためのもの（プレースホルダ）です。ここの{○○}という記述部分に後から値をはめ込んでファイルを作成します。

　では、ドキュメントができたら、適当なところにファイルを保存しておきましょう。ファイル名は何でもいいのですが、サンプルでは「sample-template.docx」としておきました。

図7-2-1　Wordを開き、テンプレートを記述する

03 差し込み出力の流れ

では、Docxtemplaterの基本的な使い方を説明しましょう。このライブラリを利用するためには、いくつかのライブラリをCDNで読み込む必要があります。これには以下のようなタグを用意します。

リスト7-3-1

```
01  <script src="https://cdnjs.cloudflare.com/ajax/libs/docxtemplater/ ⊟
    3.25.4/docxtemplater.js"></script>
02  <script src="https://unpkg.com/pizzip@3.1.1/dist/pizzip.js"></script>
03  <script src="https://cdnjs.cloudflare.com/ajax/libs/FileSaver.js/ ⊟
    2.0.5/FileSaver.min.js"></script>
```

これらを%%htmlに続けて記述することで、Docxtemplaterが使えるようになります。ここではDocxtemplaterの他、後ほど使うことになるのでFileSaver.jsのタグも用意してあります。

💡 テンプレートファイルの読み込み

Docxtemplaterを利用するには、まずWordのテンプレートファイルを読み込んで利用できるようにしなければいけません。

データの読み込みは、FileSaverを利用します。FileSaverによるファイルの読み込みは、Chapter 7でも使いましたがちょっとむずかしいものでしたから簡単に復習しておきましょう。実際のサンプルはChapter7-04で作りますので、ここでは説明を読んで下さい。

まず、<input type="file">のonchange属性を使い、以下のような関数を呼び出すようにしておきます。

データ読み込みのための関数

```
function 関数(event) {
  const fobj = event.target.files[0];
  const reader = new FileReader();
  reader.readAsArrayBuffer(fobj);
  reader.onload = () => {
    変数 = reader.result;
    // ☆
  }
}
```

この関数は、Chapter 6でイメージファイルの読み込みを行ったときに作ったものと同じものです（リスト6-7-2参照）。Wordのファイルもテキストデータではなくバイナリデータなので、このやり方でファイルの内容を取り出します。後は、☆の部分に、取り出したオブジェクトが代入されている変数を利用する処理を書くだけです。

　Docxtemplaterでも、これでWordのテンプレートファイルからデータを取り出して利用します。イメージファイルとWordファイルという違いはありますが、バイナリファイルを扱うときはだいたいこのやり方でデータを読み込みます。

💡 Zipオブジェクトの作成

　Docxtemplaterを利用するためには、テンプレートファイルのデータをZipデータから読み書き可能な形に変換する必要があります。Wordのdocxファイルは、XMLで記述されたデータをZipデータとして圧縮したものです。このため、docxファイルから読み込んだバイナリデータはZip圧縮されたデータになっています。Docxtemplaterで利用するためには、まず圧縮前のデータに戻して編集できる状態にします。

```
変数 = new PizZip( データ );
```

　このPizZipは、引数のデータを編集可能にするためのものです。PizZipは、ファイルの圧縮に多用されるZipデータを解析し編集できるようにします。これで変数に取り出されたデータを使って差し込み出力を行います。

💡 ドキュメントの作成

　読み込んだテンプレートファイルのデータが用意できたら、それを引数に指定してdocxtemplaterオブジェクトを作成します。

[書式] docxtemplaterオブジェクトの作成

```
変数 = new docxtemplater( ファイルデータ , オプション );
```

　第1引数に、PizZipで変換したファイルデータのオブジェクトを指定します。第2引数には、オプション設定などの情報をオブジェクトにまとめたものを用意します。これは、とりあえず以下のようなオブジェクトリテラルを用意しておけばいいでしょう。

```
{
  paragraphLoop: true,
  linebreaks: true
}
```

　paragraphLoopは、繰り返しデータを出力するループ処理をONにするための
ものです。またlinebreaksは、改行コードを認識するように設定するためのも
のです。とりあえず、これらの値をこの通りに記述しておけば間違いないでしょう。

データの設定とレンダリング

　docxtemplaterオブジェクトが用意できたら、これに必要なデータを設定しま
す。これは以下のように行います。

[書式] docxtemplater オブジェクトにデータを設定する

```
《docxtemplater》.setData( テンプレート用データ );
```

　引数には、テンプレートのプレースホルダに設定する値をオブジェクトにまとめ
たものを指定します。これは、テンプレートにどのようにプレースホルダが用意さ
れているかによってオブジェクトの作り方が変わってきます。「プレースホルダに合
わせた形でオブジェクトを作る」という点だけ頭に入れておいて下さい。
　データが設定されたら、テンプレートをレンダリング（描画）します。

[書式] データをレンダリングする

```
《docxtemplater》.render();
```

　これで、setDataで設定されたデータをテンプレートのプレースホルダに設定し、
完成されたドキュメントを作成します。ここまでエラーもなく進んだら、もう
docxtemplaterオブジェクトの中には完成したドキュメントが保管されていま
す。

ファイルの保存

　最後に、生成されたドキュメントのデータをファイルに保存します。これには、
まずPizZipで編集可能な状態に変換したデータを、もとのWordファイルのデー
タの形に戻さないといけません。これは以下のように行います。

```
変数 = doc.getZip().generate({
  type:"blob",
  mimeType: "application/vnd.openxmlformats-officedocument.wordprocessingml.
document",
});
```

typeにはデータの種類としてblobを指定します。mimeTypeは、インターネットで使われるコンテンツのメディアタイプを設定するもので、長い値が設定されていますがこれでWordファイルを示します。

ここではdocxtemplaterオブジェクトの「getZip」メソッドを呼び出してZip機能のオブジェクトを取り出し、そこからさらに「generate」というメソッドを呼び出しています。

これでWord本来のフォーマットにデータが変換されました。後は、このデータをファイルなどに保存するだけです。これにはFileSaverの「saveAs」関数を利用します。

【書式】ファイルを保存する

```
saveAs( データ , ファイル );
```

saveAsは既に何度か使いましたね。第1引数に、getZip().generate()で生成したデータを指定します。第2引数には、＜input type="file"＞で選択したファイルなどをそのまま指定すればいいでしょう。

これで、テンプレートを使って生成されたファイルが保存される、というところまでのやり方を学びました。

> **Wordファイルの拡張子は「docx」で！**
> Chapter7-02では、docxという拡張子のファイルとして保存をしました。Wordには、この他にdocという拡張子もありますが、本書で扱うWordファイルは、すべてdocxを使うようにして下さい。
> Wordのdoc拡張子は、Word 2003以前の古いフォーマットで、外部とやり取りすることを考えていません。このため、Docxtemplaterなどのライブラリでは対応していないことが多いのです。「Word以外で使う場合はdocxを使う」と考えましょう。

04 テンプレートファイルを元に 差し込み出力する

では、実際にテンプレートファイルから差込出力したファイルを作成するコード
を作りましょう。セルに以下のリストを記述して下さい。

リスト7-4-1

```
01 %%html
02 <script src="https://cdnjs.cloudflare.com/ajax/libs/docxtemplater/ ⊟
   3.25.4/docxtemplater.js"></script>
03 <script src="https://unpkg.com/pizzip@3.1.1/dist/pizzip.js"></script>
04 <script src="https://cdnjs.cloudflare.com/ajax/libs/FileSaver.js/ ⊟
   2.0.5/FileSaver.min.js"></script>
05
06 <h1>docx-template sample.</h1>
07 <input type="file" onchange="dochange(event);">  ········ 1
08
09 <script>
10 function dochange(event) {  ·············
11   const file = event.target.files[0];
12   if (file) {
13     const reader = new FileReader();
14     reader.readAsArrayBuffer(file);
15     reader.onload = (event)=> {  ········· 2
16       const data = event.target.result;
17       createFile(data);
18     }
19   }
20 }  ·············
21
22 // 出力するデータ
23 const temp_data = {  ·············
24   name: '掌田津耶乃',
25   mail: 'syoda@tuyano.com',  ········ 3
26   tel: '090-9999-9999',
27 }  ·············
28
29 function createFile(data) {
30   const zip = new PizZip(data);  ········ 4
31   let doc;
32
33   try {
34     doc = new docxtemplater(zip, {  ·········
35       paragraphLoop: true,  ········· 5
36       linebreaks: true
37     });  ·············
38
```

```
39      // create document.
40      doc.setData(temp_data);    ……… 6
41      doc.render();
42
43      // save document.
44      const out=doc.getZip().generate({   ┄┄┄┄┄┄┄┄┄┄┄┄┄┄┄
45        type:"blob",
46        mimeType: "application/vnd.openxmlformats-officedocument. ⊡     ┄┄┄7
    wordprocessingml.document",
47      });   ┄┄┄┄┄┄┄┄┄┄┄┄┄┄┄┄┄┄┄┄┄┄┄┄┄┄┄┄┄┄┄┄┄┄┄┄┄┄
48      saveAs(out, "output.docx");   ……… 8
49
50   } catch(error) {
51     console.log(error);
52   }
53 }
54 </script>
```

図7-4-1　ボタンをクリックするとテンプレートファイルを選択するダイアログが現れる。ここでsample-template.
docxを選ぶと、これを使ってファイルを作成し保存する

　実行すると、セルの下にファイルを選択するボタンが表示されます。これをクリックし、開いたダイアログから先ほど作成したテンプレートファイル（sample-template.docx）を選択して下さい。すると、このファイルを元に新しいWordドキュメントを生成し、ファイルを保存します。

ファイル作成の流れをチェック

　では、先ほどの説明を思い出しながら、ファイル作成の流れを確認していきましょう。<input type="file">（1）でファイルを選択したときの処理（dochange

関数）（**2**）は、先に作成したものと同じなので改めて説明は不要ですね。では、ファイル読み込み後に呼び出されるcreateFile関数について見ていきましょう。

　まず、createFileの前に、テンプレートで使うデータを以下のように用意しています（**3**）。

```
const temp_data = {
  name: '掌田津耶乃',
  mail: 'syoda@tuyano.com',
  tel: '090-9999-9999',
}
```

　用意したオブジェクトには、name、mail、telといった値が用意されています。これらは、sample-template.docxファイルに用意したプレースホルダ（{name}, {mail}, {tel}）と同じ名前の値ですね。

　createFile関数では、まずPizZipでデータを編集可能な形に変換します（**4**）。

```
const zip = new PizZip(data);
```

　これで、定数zipに変換されたオブジェクトが入りました。これを元に、docxtemplaterオブジェクトを作成します（**5**）。

```
doc = new docxtemplater(zip, {
  paragraphLoop: true,
  linebreaks: true
});
```

　第2引数には、paragraphLoop: true, linebreaks: trueという値を持ったオブジェクトを用意しています。これは、Chapter7-03で説明しましたが、docxtemplaterオブジェクトを作成する際の基本設定として、特に理由がない限りそのまま用意して下さい。

　docxtemplaterができたら、これにテンプレート用のデータをまとめたオブジェクトを設定してレンダリングします（**6**）。

```
doc.setData(temp_data);
doc.render();
```

　renderを実行することで、temp_dataに用意したnameの値が{name}に、

mailが{mail}に、そしてtelが{tel}にそれぞれ当てはめられ、ドキュメント
が完成します。

　setDataの引数に当てはめた後は、doc.getZip().generateでオブジェク
トを元の状態に戻し（**7**）、saveAsでファイルに保存するだけです（**8**）。ファイ
ルを読み込んでからdocxtemplaterオブジェクトを生成するまでの部分が非常
にわかりにくいのですが、準備さえ整えば、その後の「データを設定してレンダリ
ングし保存」という処理は意外に簡単に行えることがわかるでしょう。

作成されたファイルを確認

　では、保存したファイルをWordで開いて内容を確認してみましょう。すると、
temp_dataに用意しておいた値がプレースホルダのところにはめ込まれた形でド
キュメントが作成されていることがわかります。ファイルの必要なところだけ値を
後から差し込んでドキュメント生成できることがこれで確認できました。

図7-4-2　Wordファイルを開くと、プレースホルダの場所にtemp_dataの値が設定されているのがわかる

05 配列の繰り返し出力

単純にプレースホルダに値をはめ込むだけでなく、もっと複雑な出力も行うことができます。中でも非常に役立つのが「配列の繰り返し出力」でしょう。Docxtemplaterでは、データを配列として用意しておき、プレースホルダを使ってデータを繰り返し出力していくことができます。これは、プレースホルダを以下のような形で記述します。

配列を使う場合のプレースホルダ

```
{#配列名}
  { 値を表示するプレースホルダ }
{/配列名}
```

{#○○} というように、#をつけて配列名を記述すると、特別な役割を果たすようになります。{#配列名}〜{/配列名}の間にプレースホルダを用意すると、指定した名前の配列から順にオブジェクトを取り出し、そこにある値をプレースホルダに出力します。

この配列による出力は、テンプレート側のプレースホルダと、docxtempater オブジェクトにsetDataするデータの構造をきちんと合致するように設計する必要があります。

💡 テンプレートを修正する

では、実際にサンプルを動かしながら使い方を覚えていきましょう。まずテンプレート側を修正します。新しいWordファイルを作成してもいいですし、先ほど使ったテンプレートファイル（sample-template.docx）を開いて書き換えても構いません。以下のようにドキュメントに記述をして下さい。

リスト7-5-1

```
01  {title}
02  {#list}
03  {name}({mail}  {tel})
04  {/list}
```

サンプルでは、真ん中の{name}（{mail} {tel}）の部分の段落に対し、Wordの機能の「番号ライブラリ」を使って冒頭にナンバリングしたリストを指定

し、番号をつけて表示されるようにしておきました。

　ここでは、{title}というプレースホルダの下に、{#list}〜{/list}という形で配列のプレースホルダが用意されています。この中に、{name}（{mail}{tel}）が用意されています。正しくデータを用意すれば、この部分が配列の要素ごとに繰り返し書き出されるようになります。

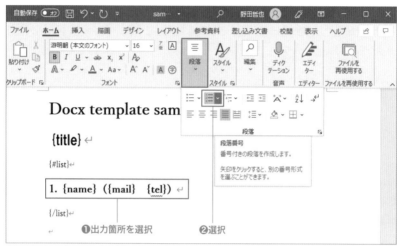

図7-5-1　テンプレートの内容を修正する

💡 データを用意する

　では、コードを修正しましょう。先ほど作成したセルのコード（リスト7-4-1）を開き、定数temp_dataを以下のように書き換えて下さい。

リスト7-5-2

```
01  const temp_data = {
02    title: "※配列を使った繰り返し出力。",  ……… 1
03    list:[
04      {name:"Taro", mail: "taro@yamada", tel:"090-999-999"},
05      {name:"Hanako", mail:"hanako@flower", tel:"080-888-888"},  ……… 2
06      {name:"Sachiko", mail:"sachiko@happy", tel:"070-777-777"},
07    ]
08  }
```

図7-5-2 セルを実行し、保存したファイル。temp_dataに用意した配列のデータがナンバリングされ表示される

セルを実行し、ボタンをクリックしてテンプレートファイルを選び、ファイルを作成しましょう。そして保存されたファイルをWordで開いてみて下さい。以下のようにテキストが書き出されているのがわかります。

```
※配列を使った繰り返し出力。
1. Taro(taro@yamada　090-999-999)
2. Hanako(hanako@flower　080-888-888)
3. Sachiko(sachiko@happy　070-777-777)
```

なお、{#list}部分を番号ライブラリに設定していなかった場合は、冒頭の番号は表示されません。

ここでは、{title}にtemp_dataのtitleの値（**1**）が割り当てられています。そしてその後の{#list}に、temp_dataのlistプロパティに用意した配列（**2**）が割り当てられているのです。この{#list}内に用意した{name}（{mail}{tel}）には、listプロパティの配列から順にオブジェクトが取り出され、その中のname、mail、telの値が出力されていったのです。

テンプレート側と、コード側のデータとの関係をよく頭に入れておいて下さい。

テンプレート側

```
{#list}
……配列のオブジェクトにある値を出力……
{/list}
```

```
list:[
    ……値をオブジェクトにまとめて用意……
]
```

listの変数が{#list}に割り当てられ、そのlist内にあるオブジェクトが順に取り出されて、{#list}内にあるプレースホルダに出力されていく、という仕組みが飲み込めれば、配列の出力は決して難しいものでないことがわかるでしょう。

06 条件による表示

　繰り返しと並び、重要な機能を提供するのが「条件による表示」です。データの中に真偽値を用意し、それが正しいか正しくないかによって表示をON/OFFするものです。

　この「条件による表示」は、テンプレート側で、以下のような形でプレースホルダを記述します。

ラベルがtrueのときの表示

```
{#ラベル}
　……trueのときに出力する内容……
{/ラベル}
```

ラベルがfalseのときの表示

```
{^ラベル}
　……falseのときに出力する内容……
{/ラベル}
```

　ラベルは、{#○○}というような形で記述します。「繰り返しのときの記述と同じだな」と思った人、その通り、書き方は全く同じなのです。{#○○}～{/○○}の間に、値がtrueのときの表示内容を用意しておくという点も同じですね。

　逆に、ラベルがfalseのときに表示したい内容は、{^○○}というプレースホルダを使って用意できます。使い方は同じで、{^○○}～{/○○}の間に、falseのときに表示したい内容を用意しておくだけです。

🔅 学生と会社員で異なる内容を出力する

　繰り返しと、この条件による表示を組み合わせることで、かなり複雑な表示が作れるようになります。例として、「名簿の出力テンプレートで、学生か会社員かで異なる内容を出力させる」ということをやってみましょう。

　まずは、テンプレート側を用意します。Wordのドキュメントを開き、以下のように内容を記述して下さい。

リスト7-6-1（テンプレート）

```
01  {title}
02  {#list}
03  1. {name}({mail})
04    {#student}
05    ●学生({school} {grade}学年)
06    {/student}
07    {#employee}
08    ●会社員({company} {title})
09    {/employee}
10  {/list}
```

　サンプルでは、この内の３行に段落のスタイルを割り当てています。以下の文を選択し、Wordの機能で段落から番号ライブラリや行頭文字ライブラリに用意されているスタイルのどれかを選択しておきましょう。

```
1. {name}({mail})          ………… 番号ライブラリ
●学生({schoot} {grade}学年)  ………… 行頭文字ライブラリ
●会社員({company} {title})   ………… 行頭文字ライブラリ
```

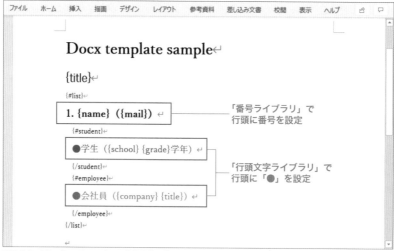

図7-6-1　テンプレートファイルの内容を書き換える

　ここでは、{#○○}というプレースホルダが全部で３つ使われています。このうち、{#list}は配列の繰り返しに使われ、残る{#student}と{#employee}は条件による表示のために使われます。

「同じ{#○○}という書き方なのに、なぜ働きが違うのか？」と不思議に思いますが、Docxtemplaterでは{#○○}というプレースホルダに設定された値の内容をチェックし、配列であれば繰り返しに、真偽値であれば条件による表示のON/OFFに働きを設定して処理を行ってくれます。

ここでテンプレート側に用意されているプレースホルダの内容を見ると、以下のような形になっていることがわかるでしょう。

```
{#list}
1. {name}({mail})
  {#student}
  ……学生の表示……
  {/student}
  {#employee}
  ……会社員の表示……
  {/employee}
{/list}
```

{#list}でlistの配列を繰り返し処理し、その中（配列に格納されているオブジェクトの中身）で、studentの値がtrueならば{#student}の部分を出力し、employeeの値がtrueならば{#employee}部分を出力しています。studentとemployeeの値を変更することで、どの部分が出力されるかを決められるようになっているのです。

☀ テンプレート用のデータを用意する

では、テンプレートで使うデータを用意しましょう。リスト7-5-2を使って、サンプルに用意した定数temp_dataの内容を以下に書き換えて下さい。

リスト7-6-2

```
01 const temp_data = {
02   title: "※配列を使った繰り返し出力。",
03   list:[
04     {name:"Taro", mail: "taro@yamada",
05       student:false,
06       employee:true, company:"マイナビショップ", title:"千葉市店長"},
07     {name:"Hanako", mail:"hanako@flower",
08       student:true, school:"マイナビ学園", grade:3,
09       employee:false},
10     {name:"Sachiko", mail:"sachiko@happy",
11       student:false,
12       employee:true, company:"佐倉酒造", title:"杜氏補佐"},
13     {name:"Jiro", mail:"jiro@change",
```

```
14          student:true, school:"東京市立大学", grade:2,
15          employee:false},
16   ]
17 }
```

図7-6-2　生成されたWordドキュメント。学生と会社員で出力内容が変わる

　セルを実行し、ボタンをクリックしてテンプレートファイルを選択し、Wordファイルを保存しましょう。作成されたファイルを開いてみると、このようにデータが出力されていることがわかるでしょう。

```
※配列を使った繰り返し出力。
1. Taro(taro@yamada)
   ●会社員(マイナビショップ 千葉市店長)
2. Hanako(hanako@flower)
   ●学生(マイナビ学園 3学年)
3. Sachiko(sachiko@happy)
   ●会社員(佐倉酒造 杜氏補佐)
4. Jiro(jiro@change)
   ●学生(東京市立大学 2学年)
```

　temp_dataのデータが出力されているのが確認できます。nameとmailはすべて共通で出力され、学生の場合はそれにschoolとgradeが、会社員はcompanyとtitleがそれぞれ出力されます。

ここでは、繰り返しと条件出力を組み合わせることで、このようにデータの種類に応じて異なる内容を出力させています。テンプレートでは、まず配列が保管されているlistを以下のような形で出力しています。

```
{#list}
　……略……
{/list}
```

　これで、listの配列から順にデータを取り出して出力処理をしていくことになります。この内部では、取り出したデータに応じて出力を用意しています。

```
{#student}
　　……学生の表示……
{/student}
{#employee}
　　……会社員の表示……
{/employee}
```

　これで、studentがtrueの場合、employeeがtrueの場合でそれぞれ表示がされるようになります。このように繰り返しの中で条件出力を用意することで、異なる種類のデータをまとめて表示できるようになります。

Chapter 7

07 関数を使った出力

テンプレートの出力用に用意するデータは、基本的にオブジェクトの形になっています。それぞれのプロパティに値を設定しておき、その値がテンプレート側のプレースホルダに出力されます。

このプロパティに設定する値には、一般的なテキストや数値などの他に「関数」を指定することもできます。この関数は、以下のような形で定義します。

【書式】出力用に関数を指定する場合

```
( 引数 ) => {
  ……必要な処理……
  return 値 ;
}
```

何度か登場していますが、アロー関数と呼ばれるものですね。引数には、これが呼び出されるプレースホルダに割り当てられている値がそのまま渡されます。この引数の値を元に、得られる値を作成し return します。この return された値が、そのままプレースホルダに値として書き出されます。

メッセージを関数で表示する

これは、実際に動いている例を見てみないと、テンプレート側と関数の間のやり取りが今ひとつわかりにくいでしょう。では、Wordのテンプレートファイルを開き、プレースホルダ部分の内容を以下に書き換えて下さい。

リスト7-7-1（テンプレート）

```
01  {title}
02  {#items}
03  {message}  ……… 1
04  {/items}
```

図7-7-1　テンプレートを修正する

　ここでは、{#items}という繰り返し用のプレースホルダ内に{message}を1つだけ用意しています（**1**）。配列itemsの内容を繰り返し、messageの値を順に出力させているのですね。

　では、これを踏まえて、リスト7-6-2を使って、Colaboratoryのセルに記述してある定数temp_dataの内容を書き換えましょう。

リスト7-7-2

```
01  const temp_data = {
02    title: "※配列を使った繰り返し出力。",
03    message:(item)=> {
04      return "私は、" + item.name
05        + "です。現在、" + item.age
06        + "歳です。連絡は、" + item.mail
07        + "にお願いします。"
08    },
09    items:[
10      {name:"taro", mail:"taro@yamada", age:39},
11      {name:"hanako", mail:"hanako@flower", age:28},
12      {name:"sachiko", mail:"sachiko@happy", age:17},
13    ]
14  }
```

2

3

図7-7-2　作成されたファイルでは、itemsのオブジェクトを元にメッセージが書き出されている

　これを実行し、ボタンをクリックしてテンプレートファイルを選択してファイルを保存しましょう。保存されたファイルを開くと、「私は、taroです。現在、39歳です。連絡は、taro@yamadaにお願いします。」というように、items配列に用意したデータを元にメッセージが作成され書き出されているのがわかります。

💡 出力の流れ

　では、どのようにtemp_dataから出力がされているのか見てみましょう。ここでは、temp_data内にtitle、message、itemsという3つの項目を用意しました。itemsには配列を使ってname、mail、ageといった値を持つオブジェクトを用意しています（❸）。

　非常に面白いのは、「messageはitemsの中にはない」という点です。テンプレート側で、{#items}の中に{message}を用意していたので、漠然と「itemsの配列の中にmessageという値があるのだろう」と想像していた人は多いでしょう。しかし、messageは配列itemsとは別の値として用意されています。

　このmessageの値は、このようになっていますね。（❷）

```
message:(item)=> {……}
```

　この引数itemにはどんな値が渡されるのでしょうか？　ここで、先ほどのテンプレートの記述を思い出して下さい。{message}は、{#items}の繰り返しの中に用意されていました。ということは、配列itemsから順に値を取り出し、それが

{message}に渡されることになります。

　ここでは、itemsという配列に、{name：○○，mail：○○，age：○○}というオブジェクトが保管されています。このオブジェクトが、messageで呼び出される関数の引数itemに渡されるのです。

　関数の内容を見ると、item.nameというように引数itemからname、mail、ageの値を取り出して利用しているのがわかるでしょう（**2**）。

Chapter 7

08 Office Open XMLを使う

これで、だいぶ必要な値を出力できるようになりました。値を割り当てて出力するのは、これで十分でしょう。

ただし、実際に試してみると、プレースホルダに割り当てられるのは「テキストコンテンツ」のみだ、ということがわかってきます。例えば、テキストのスタイルなどは、すべてドキュメントに設定されているものがそのまま使われます。フォントスタイルを後から割り当てることはできないのです。

しかし、差し込み出力の際に必要なデータを、フォントスタイルなどを指定して出力したい、と思うことはあるでしょう。このような場合には、XMLで内容を記述することでスタイルまで含めたコンテンツを出力させることができます。

Wordは、「Office Open XML（OOXML）」というフォーマットに対応しています。これはドキュメントをXMLで記述するためのもので、Microsoft社が策定し、ECMAによって標準化されています。この仕様に沿ってXMLデータを記述し、設定することで、テキストにフォントスタイルなどまで設定して出力させることができます。

このOOXMLを使ったコンテンツを出力させるには、テンプレート側に以下のような形でプレースホルダを記述します。

テンプレート側

```
{@名前 }
```

{ } 内に@をつけて名前を指定することで、その名前の値をOOXMLのデータと解釈し、それをもとにコンテンツを生成して出力します。これが使えるようになると、単にテキストを挿入する以上に細かくドキュメントを作成できるようになります。

ただし、そのためにはOOXMLの仕様を理解しなくてはいけません。

💡 OOXMLの基本形

では、OOXMLではどのようにしてコンテンツを記述すればいいのでしょうか。これは、一口で説明するのは非常に難しいでしょう。なにしろOOXMLの仕様書は数百ページもの巨大なドキュメントになっています。とてもここで全て説明することはできません。

とりあえず、ここでは「テキストのコンテンツを記述するための必要最低限の記

述」についてのみ説明しておきましょう。テキストコンテンツは、パラグラフ（段落）としてOOXMLに記述をします。これは、だいたい以下のような形になっています。

OOXMLのパラグラフ構造

```
<w:p>
  <w:r>
    <w:rPr>
        ……属性関係の情報……
    </w:rPr>
    <w:t>
        ……表示テキスト……
    </w:t>
  </w:r>
</w:p>
```

各タグの役割

`<w:p>`	パラグラフ（段落）
`<w:r>`	テキストの実行
`<w:rPr>`	プロパティの指定
`<w:t>`	テキストの指定

これは、パラグラフの最も基本的なタグ構成です。この中の`<w:rPr>`内に属性に関するタグを用意し、`<w:t>`内に出力するテキストを指定すれば、パラグラフが完成します。

`<w:rPr>`で使用する属性関係のタグとしては、ざっと以下のようなものの使い方を覚えておくと良いでしょう。

テキストカラーの指定

```
<w:color w:val="色の値"/>
```

フォントサイズの指定

```
<w:sz w:val="数値"/>
```

ボールドの指定

```
<w:b />
```

```
<w:i />
```

　とりあえず、これだけ使えるようになれば、ちょっとしたスタイルの指定ぐらいはできるようになるでしょう。少し補足しておくと、〈w:color〉の色の値は、6桁の16進数で指定します。例えば赤ならば "FF0000" とすればいいでしょう。また、〈w:sz〉の数値は、0.5ポイントを1として換算したものになります。24ポイントに指定するなら"48"と指定をします。

⛭ OOXMLでコンテンツを出力する

　では、実際にOOXMLを使ってコンテンツを出力してみましょう。まずはテンプレートの修正からです。Wordでテンプレートファイルを開き、以下のようにプレースホルダを記述して下さい。

リスト7-8-1 (テンプレート)

```
01  {@xmldata}
```

　今回はOOXMLを使うので、かなりデータが長くなります。このため、OOXML用のタグを1つだけ用意しておくことにしました。
　後は、セルのコード側で、temp_data に xmldata という値を用意しておくだけです。以下のように定数 temp_data を記述しましょう。

リスト7-8-2

```
01  const temp_data = {
02    xmldata: `
03    <w:p>     ················································· 1a
04      <w:r>
05        <w:rPr>
06          <w:color w:val="FF0000"/>
07          <w:sz w:val="40"/>
08          <w:b />
09        </w:rPr>
10        <w:t>Office Open XML </w:t>
11      </w:r>
12      <w:r>
13        <w:rPr>   ·····························
14          <w:color w:val="FF0000"/>      ······· 2
15          <w:sz w:val="40"/>
16        </w:rPr>   ·····························
17        <w:t>によるドキュメント</w:t>
```

```
18        </w:r>
19      </w:p>
20      <w:p>  ············································· 1b
21        <w:r>
22          <w:rPr>
23            <w:color w:val="000099"/>
24            <w:sz w:val="28"/>
25          </w:rPr>
26          <w:t>これは、</w:t>
27        </w:r>
28        <w:r>
29          <w:rPr>
30            <w:color w:val="9900FF"/>
31            <w:sz w:val="28"/>
32            <w:b />
33          </w:rPr>
34          <w:t>XML</w:t>
35        </w:r>
36        <w:r>
37          <w:rPr>
38            <w:color w:val="000099"/>
39            <w:sz w:val="28"/>
40          </w:rPr>
41          <w:t>で書かれたメッセージです。</w:t>
42        </w:r>
43      </w:p>
44      `,
45  }
```

図7-8-1　OOXMLを使ってテキストのスタイルを設定したものを出力する

　記述したらセルを実行し、ボタンをクリックしてテンプレートファイルを選択し、ファイルを保存します。作成されたファイルを開くと、中にテキストカラー、フォントサイズ、ボールドなどが設定されたテキストが出力されているのがわかるでしょう。

　ここでは、２つの<w:p>を用意し、２つのパラグラフ（段落）を作成しています（1a、1b）。また、<w:p>の中に複数の<w:r>を用意していますが、これは１つの

段落の中に、スタイルが異なる複数のテキストがつなげて書かれているためです。このように〈w:p〉内に複数の〈w:r〉を用意することで、テキストの一部分だけスタイルを変更することができるようになります。

　スタイルを指定している〈w:rPr〉は、例えば以下のように設定したいスタイルのタグを必要なだけ記述しています（②）。

```
<w:rPr>
  <w:color w:val="FF0000"/>
  <w:sz w:val="40"/>
  <w:b />
</w:rPr>
```

　これで、テキストカラー、フォントサイズ、ボールドといったスタイルが設定されます。これらはテキストの〈w:t〉に書いてはいけません。必ず〈w:rPr〉内に記述をして下さい。

　今回使ったOOXMLには、この他にも多数の専用タグが定義されており、Wordのドキュメントを自由に作れるようになっています。かなり巨大な規格ですが、興味がある人はどんなものか調べてみるとよいでしょう。

※ECMAのOOXMLに関する仕様ECMA-376

https://www.ecma-international.org/publications-and-standards/standards/ecma-376/

Chapter **8**

leaflet + OpenStreetMapで マップ表示

この章のポイント
・マップを表示する基本的な手順を理解しよう
・マーカーや図形を作成しよう
・マップをクリックして操作する方法をマスターし
　よう

01　OpenStreetMapでマップを表示しよう
02　leaflet利用の基本
03　マップを表示しよう
04　マーカーを設定する
05　マーカーに吹き出しをつける
06　クリックイベントを利用する
07　マップによるデータ表示

01 OpenStreetMapで マップを表示しよう

💡 インタラクティブなマップで表現力アップ

　レポートなどを作成する時、あると便利なのが「マップ」でしょう。Googleマップのように、インタラクティブに操作できるマップをレポートの中で使えると、随分と表現力もアップしますね。

　Colaboratoryでは、セルを使ってレポートなどを作成できます。JavaScriptでマップを作成表示できれば、Markdownと組み合わせてレポートなどに利用することができます。

　マップを扱うライブラリは色々とありますが、ここでは「leaflet」というものを使ってみましょう。これは、外部のマップデータを利用してマップを表示するライブラリです。さまざまなマップデータを利用できますが、ここでは「OpenStreetMap」というマップデータを使った方法について説明します。

　OpenStreetMapとは、誰でも利用できるオープンデータのマップです。誰でもマップ作成に参加できるようになっており、世界中の有志によってマップが作られています。このOpenStreetMapのよいところは、利用に何の制限もない点です。商業サービスでは、料金がかかったり、データの利用にさまざまな制約があることが多いのですが、OpenStreetMapならマップを自由に利用できます。

　leafletとOpenStreetMapは、それぞれ以下のWebサイトで公開されています。

・leaflet

https://leafletjs.com/

図8-1-1　leaflet の Web サイト

・OpenStreetMap

https://openstreetmap.jp/

図8-1-2　OpenStreetMap の Web サイト

02 leaflet利用の基本

では、leafletを使ったマップの表示を行ってみましょう。leafletを利用するためには、HTMLタグを以下のように用意する必要があります。

リスト8-2-1
```
01  <link rel="stylesheet" href="https://unpkg.com/leaflet@1.7.1/dist/leaflet.
    css" />
02  <script src="https://unpkg.com/leaflet@1.7.1/dist/leaflet.js"></script>
```

これで、CDNのサイトからライブラリをロードし、leafletが利用できるようになります。

leafletは、あらかじめ用意したHTMLにマップを組み込みます。したがって、利用の際は、まずマップ表示用のHTMLを以下のように用意する必要があります。実際のサンプルはChapter8-03で作るので、ここでは説明を読んでください。

マップ表示用のHTML
```
<div style="width:横幅; height:高さ;"></div>
```

styleでwidthとheightで縦横幅を設定します。これが、表示されるマップの大きさになります。これらを設定していないと、縦横幅がゼロになってしまうためマップが表示されないので注意して下さい。

マップの表示

続いて、JavaScriptのコードでマップを作成し表示する処理を用意します。最初に行うのは、マップのオブジェクト作成です。これは以下のように行います。

［書式］マップオブジェクトの作成
```
変数 = L.map( エレメント );
```

「L」というのは、leafletのオブジェクトです。すべての機能は、このオブジェクトの中にまとめられています。

「map」は、leafletのオブジェクトに用意されているマップ作成のメソッドです。これは引数に、マップが組み込まれるエレメントを指定します。

これでマップが用意されますが、まだこの状態では何も表示はされません。オブジェクト作成後、2つの作業が必要です。

　1つは、ビューの設定です。ビューとは「マップの表示を担当するもの」です。マップを作成しても、まだどの場所をどれぐらいの倍率で表示するかがわからないので、何も表示できないのです。これは、マップの「setView」というメソッドで設定します。

[書式] ビューの設定

```
マップ.setView( [緯度 , 経度], ズーム );
```

　最初の引数には、表示場所の緯度と経度の値を配列にまとめたものを指定します。そして2番目の引数には、ズームの倍率を整数で指定します。マップは画面にある「＋」「－」といったボタンで拡大縮小できますが、この拡大の倍率がここで指定されます。

　この2つの作業（オブジェクトの作成、ビューの設定）は、マップを作る際に必ずセットで行います。ですから、通常はいちいち分けたりせず、以下のようにまとめて実行します。

```
変数 = L.map( エレメント ).setView( [緯度 , 経度], ズーム );
```

　この書き方が基本と思って覚えてしまうと良いでしょう（Chapter8-03では、わかりやすくするため、分けて書いています）。

> **位置情報とLatLngオブジェクトについて**
>
> 　setViewでは、表示位置を設定するのに、緯度と経度の値を配列にまとめたものを使いました。これは、leafletでは「LatLng」オブジェクトと呼ばれます。LatLngは、Lオブジェクトのメソッドで作成できるようになっています。
>
> [書式] LatLngオブジェクトの作成
>
> ```
> 変数 = L.latLng( 緯度 , 経度 );
> ```
>
> 　これがLatLngオブジェクトです。setViewでは緯度と経度を配列にした値を使っていましたが、これは配列を自動的にLatLngに変換していたのだ、と考えると良いでしょう。
> 　このLatLngは、leafletで位置を示すのに使われる基本の値です。これから何度となく登場するので、ここで覚えておきましょう。

 レイヤーの設定

　続いて、表示するレイヤーを設定します。レイヤーというのは、実際にマップと
して表示されるデータのことです。マップと一口に言っても、さまざまな種類があ
ります。地図をそのまま表示するもの、ロードマップ、衛星写真のマップなど。こ
れら実際にマップとして表示されるものが「レイヤー」です。地図のレイヤー、衛
星写真のレイヤーなど、マップではさまざまなレイヤーが利用可能です。
　このレイヤーは、以下のような形で実行します。

レイヤーの設定

```
L.tileLayer( アドレス ).addTo( マップ );
```

　「L」はleafletのオブジェクトでしたね。レイヤー設定は、「tileLayer」とい
うメソッドを使ってレイヤーを設定します。引数には、利用するレイヤーのアドレ
ス（URL）を指定します。これで指定のアドレスからマップデータを取得し作成さ
れるレイヤーのオブジェクトが用意できます。
　このオブジェクトの「addTo」メソッドは、引数に指定したマップにこのレイ
ヤーを追加するものです。このtileLayerとaddToも、常にセットで呼び出され
るので、このようにまとめて実行するように記述しておくのが一般的です。

03 マップを表示しよう

では、実際にマップを表示してみましょう。Colaboratoryのセルに以下のように
にコードを記述して下さい。

リスト8-3-1

```
01  %%html
02  <link rel="stylesheet" href="https://unpkg.com/leaflet@1.7.1/dist/ ⤵
    leaflet.css" />
03  <script src="https://unpkg.com/leaflet@1.7.1/dist/leaflet.js"></script>
04
05  <div id="map" style="width:500px; height:300px;"></div>  ……… 1
06
07  <script>
08  const map = L.map('map');  ……… 2
09  map.setView([35.725, 140.155], 15);  ……… 3
10  L.tileLayer('https://{s}.tile.openstreetmap.org/{z}/{x}/{y}.png'). ⤵
    addTo(map);  ……… 4
11  </script>
```

図8-2-1　実行するとマップが表示される

記述したら、セルを実行して表示を確認しましょう。何も問題が発生しなければ、
セルの下にマップが表示されます。デフォルトでは、千葉県佐倉市近辺が表示され
るように設定してあります。これはsetViewの値を調整して変更できます。

では、処理の流れを見てみましょう。`<link>`と`<script>`が記述された後、以下のようなタグが用意されています（**1**）。

```
<div id="map" style="width:500px; height:300px;"></div>
```

これが、マップを表示するためのものですね。`style`では、500×300ピクセルの大きさで表示されるように設定してあります。またエレメントを利用するため`id="map"`と値を用意しておきました。

レイヤーとマップデータ

leafletでは、レイヤーで指定したURLからマップデータを読み込んで表示します。したがって、どんなマップデータをレイヤーに設定したかによって表示されるマップは変わります。本書では、利用に制限のないOpenStreetMapを使っていますが、その他にもさまざまなマップがleafletでは使えます。

その代表例として、国土地理院のマップデータを紹介しておきましょう。tileLayerの引数に指定するアドレスを以下のように変更するだけで、表示されるマップが変わります。下に公開されているマップデータの一例をあげておきます。

・**標準地図（住宅地図）**
https://cyberjapandata.gsi.go.jp/xyz/std/{z}/{x}/{y}.png'
・**衛星写真**
https://cyberjapandata.gsi.go.jp/xyz/seamlessphoto/{z}/{x}/{y}.jpg'
・**1960年代の衛星写真**
https://cyberjapandata.gsi.go.jp/xyz/ort_old10/{z}/{x}/{y}.png
・**1980年代後半の衛星写真**
https://cyberjapandata.gsi.go.jp/xyz/gazo4/{z}/{x}/{y}.jpg
・**標高地図**
https://cyberjapandata.gsi.go.jp/xyz/relief/{z}/{x}/{y}.png

国土地理院は、さまざまなマップデータを無償公開している貴重な機関です。上記のアドレスを使っていろいろなマップを表示させてみましょう。

 JavaScriptの処理

では、JavaScriptのコードで実行している処理を見ましょう。まず、マップのオブジェクトを作成します（**2**）。

```
const map = L.map('map');
```

`map`メソッドの引数には`'map'`と指定しています。これで、`id="map"`と指定した`<div>`がマップの表示を行うようになります。

続いて、ビューの設定を行います（**3**）。

```
map.setView([35.725, 140.155], 15);
```

　表示する緯度経度は、[35.725, 140.155]としておきました。またズームは15に設定しています。ズームは数字が大きくなるほど拡大されるので、値を変更しながら最適なズームの状態を探っていきましょう。
　これでマップのオブジェクトは用意できました。後はレイヤーを作成して、マップに追加するだけです（**4**）。

```
L.tileLayer('https://{s}.tile.openstreetmap.org/{z}/{x}/{y}.png').
addTo(map);
```

　ここでは、'https://{s}.tile.openstreetmap.org/{z}/{x}/{y}.png'とレイヤーのアドレスを指定しています。これは、OpenStreetMapのマップレイヤーの標準的なアドレスになります。途中で{}という記号がいくつか使われていますが、これにより、leaflet内部で表示に関する値がこれらにはめ込まれ、必要な場所が正しく表示されるようになります。ですからアドレスは上記のまま記述して下さい。{x}などの値を私たちが使うことはありませんので、これらの意味を理解する必要はありません。
　表示されたマップは、マウスドラッグで表示位置を移動できますし、「＋」「－」ボタンで拡大縮小することもできます。単に地図を表示するだけでなく、ちゃんとマップとして使えてしまうのがleafletのマップなのです。

緯度経度はどうやって調べるの？

　setViewで、いきなり「表示する場所の緯度経度」なんてものが出てきて慌てた人もいたんじゃないでしょうか。「緯度経度？　そんなもの、どうやって調べるんだ？」と。

　実は、緯度経度は簡単に調べることができます。一番手軽なのは、Googleマップを使った方法です。Googleマップで目的の場所を表示し、そこをクリックすると、マップの下部に住所と緯度経度の値が表示されます。この値をコピーして利用しましょう。

図8-2-1　実行するとマップが表示される

04 マーカーを設定する

　マップには、マーカーを追加し表示することができます。これもLオブジェクトに用意されているメソッドで行います。

[書式] マーカーの作成

```
マーカー = L.marker(《LatLng》);
```

[書式] マーカーをマップに追加

```
マーカー.addTo( マップ );
```

　マーカー表示は、まず「marker」というメソッドを使ってマーカーのオブジェクトを作成します。引数には、緯度と経度を配列にまとめたLatLngオブジェクトを指定します。

　作成したマーカーは、まだマップには表示されません。このマーカーオブジェクトにある「addTo」というメソッドを使ってマップに追加をします。引数には、L.mapメソッドで作成したマップオブジェクトを指定します。

　これも、必ずセットで呼び出すものなので、一般的には「L.marker(○○).addTo(○○);」というように2つのメソッドを続けて呼び出すように記述して使うことが多いでしょう。

◌̈ マーカーを表示しよう

　では、マーカーをマップに表示してみましょう。先ほどのサンプル（リスト8-3-1）で、JavaScriptのコードを記述した<script>部分を以下のように書き換えて下さい。

リスト8-3-1

```
01  <script>
02  const map = L.map('map').setView([35.723, 140.156], 16);
03  L.tileLayer('https://{s}.tile.openstreetmap.org/{z}/{x}/{y}.png'). ⏎
    addTo(map);
04  L.marker([35.72165, 140.1563]).addTo(map);  ……… 1
05  </script>
```

図8-3-1　マップにマーカーが表示される

　ここでは、マップに表示される駅の中央にマーカーが表示されます。ここでは、
以下のようにしてマーカーを追加していますね（■）。

```
L.marker([35.72165, 140.1563]).addTo(map);
```

　表示する位置に[35.72165, 140.1563]と値を指定し、追加するマップに
mapを指定しています。markerとaddToをこのように連続して呼び出せば1行で
マーカーが作れますね！

05 マーカーに吹き出しをつける

マーカーには、クリックして説明文を表示する吹き出しをつけることができます。
これは「ポップアップ」と呼ばれるもので、以下のように作成します。

[書式] テキストをポップアップに設定する

```
マーカー.bindPopup( テキスト );
```

また、マーカーに設定されているポップアップの表示を操作するメソッドとして、
以下のようなものも用意されています。

[書式] ポップアップを追加する

```
マーカー.bindPopup()
```

[書式] ポップアップを削除する

```
マーカー.unbindPopup()
```

[書式] ポップアップを表示する

```
マーカー.openPopup()
```

[書式] ポップアップを閉じる

```
マーカー.closePopup()
```

[書式] ポップアップの表示をON/OFFする

```
マーカー.togglePopup()
```

[書式] ポップアップの表示状態を調べる

```
マーカー.isPopupOpen()
```

最後のisPopupOpenだけは、ポップアップの状態（表示されているかいない
か）を調べるもので、戻り値は真偽値になります。その他のものは、ただメソッド
を呼び出すだけでポップアップの状態を設定します。

とりあえず、ポップアップを追加するbindPopupと、画面に表示する
openPopupぐらいは覚えておきましょう。その他のものは、使う必要が出てきた

ら調べて利用してみる、ぐらいに考えておけば十分です。

マーカーにポップアップを追加する

では、先ほどのサンプルにコードを追加して、マーカーにメッセージをポップアップとして追加してみましょう。

リスト8-4-1

```
01 <script>
02 const map = L.map('map').setView([35.723, 140.156], 16);
03 L.tileLayer('https://{s}.tile.openstreetmap.org/{z}/{x}/{y}.png'). ⏎
   addTo(map);
04 L.marker([35.72165, 140.1563]).addTo(map)
05   .bindPopup(`<h3 style="color:red"><b>京成ユーカリが丘駅</b></h3> ⋯
06     <p>ユーカリが丘の玄関口です。<br>
07     ユーカリが丘線と連絡しています。<p>`)
08   .openPopup();
09 </script>
```

図8-4-1　マーカーに吹き出しのようなものが表示される

実行すると、マーカーに吹き出し（ポップアップ）が表示されます。見ればわかりますが、吹き出しに表示されるテキストは、赤いボールドのタイトルの下にテキストが表示されます。

ここでは、bindPopupで表示コンテンツを設定しています（**1**）。このbindPopupに設定している引数は、バッククォート記号（`）で前後をくくったテ

キストを指定しています。バッククォートは、改行を含むテキストを値として指定するときに使うものでしたね（P.027）。

　ここで設定しているテキストは、一般的なテキストではなく、HTMLのコードになっていることがわかるでしょう。bindPopupでは、コンテンツには標準テキストの他にHTMLのコードも指定することができます。コードが使えると、表現力もぐっと上がります。

　今回は、bindPopupでポップアップを設定した後、openPopupを呼び出して画面にポップアップを表示しています。これをつけないと、ポップアップは組み込むだけで画面には表示されません（マーカーをクリックすれば表示されます）。

06 クリックイベントを利用する

　マップは、ただ用意したものを表示するだけしかできないわけではありません。ユーザーの操作に応じてさまざまな処理を実行させることも可能です。例えば、クリックしたらその場所にマーカーを追加する、というようなこともできるのです。これには、マップのイベントを利用します。これはマップにある「on」メソッドを使います。

[書式] マップのイベントを利用する

```
マップ.on( イベント名 , 関数 );
```

　第1引数にイベント名、第2引数に関数を指定します。これにより、第1引数のイベントが発生すると、第2引数の関数が実行されるようになります。

　例えば、「マップをクリックする」というイベントは以下のように設定できます。

【書式】マップにクリックイベントを設定する

```
マップ.on("click", onclick);
```

　これで、マップをクリックするとonclickという関数が呼び出されるようになります。後は、このonclick関数を用意し、そこに処理を記述すればいいのです。

　ここでのonclick関数のように、onでイベントに設定される関数は、以下のような形で定義します。

【書式】関数の定義

```
function 関数名 (event) {
    ……実行する処理……
}
```

　引数には、発生したイベントの情報をまとめて扱うeventオブジェクトが渡されます。この中に、イベント関係の値が保管されています。

　マップのイベントで最も使われるのは「どの場所でイベントが発生したか」という情報でしょう。一般的なWebページの場合、これは「画面の中の位置」になりますが、マップの場合は「マップ上の位置（つまり、LatLng値）」が位置情報として渡されます。これは引数eventに「latlng」というプロパティとして値が保管されています。この値を取り出して利用すれば、「クリックした場所で何かを行う」

ということができるようになります。

💡 クリックした場所にマーカーを追加する

　では、実際にマップをクリックしたときのイベントを利用してみましょう。サンプルのJavaScriptコードを記述している<script>部分を以下のように書き換えて下さい。

リスト8-5-1

```
01  <script>
02  let counter = 0;
03
04  const map = L.map('map').setView([35.723, 140.156], 16);
05  L.tileLayer('https://{s}.tile.openstreetmap.org/{z}/{x}/{y}.png'). ⏎
    addTo(map);
06  map.on("click", onClickMap);  ……… ■1
07
08  function onClickMap(event) {
09    L.marker(event.latlng).addTo(map) ⋯
10      .bindPopup('No, ' + ++counter)      ┊……… ■2
11      .openPopup();  ⋯⋯⋯⋯⋯⋯⋯⋯⋯⋯⋯⋯⋯⋯⋯⋯⋯
12  }
13  </script>
```

図8-5-1　マップをクリックすると、その場所にマーカーが追加される

　セルを実行し、マップが表示されたら、その適当なところをクリックしてみましょ

う。その場所にマーカーが追加され、「No,1」と吹き出しが表示されます。別のところをクリックするとまたバーカーが追加され「No,2」と表示されます。クリックすると、その場所にマーカーが追加され、番号のポップアップが表示されるようになります。

　ここでは、マップ作成後、以下のようにイベント処理を追加しています（■）。

```
map.on("click", onClickMap);
```

　これで、マップをクリックしたらonClickMapという関数が呼び出されるようになります。このonClickMap関数では、クリックした位置情報を元にマーカーを追加しています（■）。

```
L.marker(event.latlng).addTo(map)……
```

　markerの引数に、event.latlngと指定していますね。これで、クリックした位置にマーカーが作成されます。eventの使い方さえわかれば、イベント処理は簡単に作れます。

07 マップによるデータ表示

　マップが自由に使えるようになると、どんなことができるようになるでしょうか。単に「マップを表示できて便利」というだけでは、わざわざプログラムからマップを操作する必要性はあまり感じないでしょう。例えば、GoogleマップをセルにHTMLタグを使って埋め込めば、Colaboratoryでマップを表示することはできますね。

　マップをJavaScriptから利用する最大の利点は、「位置データを視覚的に表せる」ということです。位置の値を含むデータベースがあった時、それをマップ上にマーカーなどで表示し、クリックするとそのデータがポップアップして現れるようになっていれば、データを非常に直感的に扱えるようになります。いわば、マップは「位置を含むデータベースを視覚的に表現する方法」としてベストのものなのです。

　例えば全国の支店の売上を図形でグラフ的に表現することもできるでしょうし、災害情報などをマップで表示することもできるでしょう。また出先のメモをその場所につけておくようなプライベートな使い方もできそうですね。

　マップは、ただ「使い方がわかった」ということよりも、それを使ってどんなことができるかが重要です。自分の身の回りに、マップで表現できると便利なものはないか、考えてみましょう。

Chapter 9

Google GeoChartで
マップチャート

この章のポイント
- ・Google Cloud PlatformでAPIを利用できるようになろう
- ・Google GeoChartの基本的な使い方を覚えよう
- ・CSVファイルからデータをマップ化する手法を理解しよう

01 Google Cloud APIを準備しよう
02 APIをONにする
03 認証情報を設定する
04 支払い設定をする
05 Google GeoChartの基本
06 マップチャートにデータを指定する
07 日本の都道府県を表示する
08 データ表示のカスタマイズ
09 CSVファイルからデータを読み込む
10 データの加工方法を学ぼう
11 プロジェクトの終了について

01 Google Cloud APIを準備しよう

　マップをデータの表示などに利用する方法はさまざまなものがあります。leaflet ではマーカーや図形を追加して利用する方法を説明しましたが、マップそのものをチャートとして利用することもよくあります。例えば日本地図で、都道府県ごとに色などを変えて数量を表すような図を見たことがあるでしょう。こうした「マップチャート」は、国や都道府県などのデータを視覚化するのに優れています。

　こうしたマップチャートを扱えるライブラリはいくつかありますが、中でも広く利用されているのが、Googleが提供する「Google GeoChart」というものでしょう。これは、Googleのクラウドサービス（Google Cloud Platform、以後CGPと略）で提供されているAPIを使って、非常にわかりやすく地域を指定しデータを作成できるようになっています。また世界地図だけでなく、日本の都道府県レベルでのマップも使えるため、さまざまな用途に利用できます。

　ただし、このGoogle GeoChartを利用するためには、GCPのGoogle Maps関連のAPIを利用できるようにしなければいけません。これにはGCPに登録し、API利用のための設定作業を行わなければいけません。GCPは開発者のためのサービスなので、開発の知識などがないと書かれている内容を理解するのはかなり難しいでしょう。

　Googleはクラウドベースでさまざまなサービスを提供しており、ある程度プログラミングを行うようになったなら、Googleが提供するサービスを利用することも多いのです。そこで、GoogleのAPIを使うにはどうすればいいのか、設定に挑戦してみましょう。

必要なものは？

　今回使うGoogle GeoChartでは、Googleが提供する「Google Maps JavaScript API」「Geocoding API」という2つのAPIを使用します。GCPにアクセスし、この2つのAPIを使えるようにしましょう。

　まず、必要なものを確認しましょう。設定に必要なのは以下の2つです。

・**Googleアカウント**
・**クレジットカード**

　GooglenoAPIを利用するためには、クレジットカードによる支払いの設定が必

要となります。「料金がかかるのか？」と驚いた人もいるでしょうが、その通り、Googleが提供するAPIの多くは料金がかかります。

ただし、ほとんどのAPIには無料枠が設定されており、その枠内で利用が収まれば料金はかかりません。ある程度以上のアクセスがあり、無料枠を越えると、それに応じた料金がかかるようになります。学習目的での利用で、無料枠を越えるほどアクセスを行うことは殆どないでしょうし、超えたとしてもトラブルなどにより異常なアクセスが発生することがない限り高額請求されることはないでしょうから、それほど心配することはありません。

では、GCPの「コンソール」というサイトにアクセスしましょう。アドレスは以下になります。

https://console.cloud.google.com/

図9-1-1 アクセスすると「○○へようこそ」とパネルが現れる

初めてアクセスすると、画面に「○○へようこそ」というパネルが表示されます。ここで、利用規約のところにある「私は……の利用規約に同意します。」のチェックをONにし、「同意して続行」をクリックすると、パネルが消え、GCPが利用可能になります。

02 APIをONにする

　では、使用するAPIを使えるようにしましょう。画面左上の■アイコンをクリックして下さい。画面にサイドバーが現れ、メニューが表示されます。この中から「Google Maps Platform」という項目を探して下さい（メニューの最後近くにあります）。そして、この項目のサブメニューから「認証情報」という項目を選んで下さい。

図9-2-1　左側のリストから「Google Maps Platform」の「認証情報」を選ぶ

　画面に、認証情報の表示がされます。ただし、まだ何も設定していないので何も表示されません。
　認証するには、まずプロジェクトを用意する必要があります。「プロジェクトを作成」というリンクをクリックして下さい。

図9-2-2　認証情報のページ。「プロジェクトを作成」をクリックする

プロジェクトを作成するための表示が現れます。プロジェクト名を入力し、「作成」ボタンを押して作成しましょう。

図9-2-3　プロジェクト名を入力して作成する

プロジェクトが開かれ、Google Maps PlatformのAPIが一覧表示されます。この中の「Geocoding API」と「Maps JavaScript API」の2つのAPIを利用します。

図9-2-4　APIの一覧が表示される

では、「Google Maps JavaScript API」という項目を探してクリックしましょう。するとこのAPIの説明が現れます。ここにある「有効にする」ボタンをクリッ

クして下さい。これでAPIが使えるようになります。

図9-2-5　Google Maps JavaScript API を有効にする

　有効になると、「API」という表示に移動します。そこで有効なAPIとその他のAPIがリスト表示されます。「その他のAPI」の中から「Geocoding API」という項目を探してクリックして下さい。先ほどのGoogle Maps JavaScript APIと同様に説明が表示されるので「有効にする」ボタンを押してAPIを使えるようにしましょう。

図9-2-6　APIのリストから Geocoding API をクリックして有効にする

図9-2-7 Google Geocoding API を有効にする

　これで「有効なAPI」のところに2つのAPIが表示されるようになります。これ
でAPIが使えるようになりました。

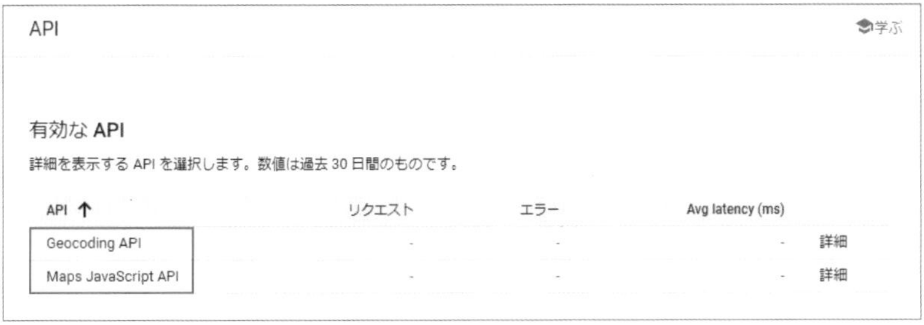

API ↑	リクエスト	エラー	Avg latency (ms)	
Geocoding API	-	-	-	詳細
Maps JavaScript API	-	-	-	詳細

API

🎓学ぶ

有効な API

詳細を表示する API を選択します。数値は過去 30 日間のものです。

図9-2-8 2つのAPIが使えるようになった

03 認証情報を設定する

　続いて、APIに認証情報を設定します。左側のメニューから「認証情報」をクリックして下さい。これで認証情報の管理ページが表示されます。

　この中に「APIキー」という項目が用意されていますね。このAPIキーというのは、外部のアプリやWebサイトからAPIを利用する際に使われるキー（ランダムなテキストの値）を作成するものです。このAPIキーを用意し、Google GeoChartを利用する際に使うのです。

図9-3-1　認証情報の管理ページ

　では、上部に見える「認証情報を作成」というリンクをクリックして下さい。リストがプルダウンして現れるので、ここから「APIキー」という項目をクリックしましょう。

図9-3-2　「認証情報を作成」から「APIキー」を選ぶ

画面に「APIキーを作成しました」とパネルが現れます。ここに、APIキーの値が表示されます。この値をコピーして、どこかに保存して下さい。これを後で使います。

　値を保管したら、「キーを制限」というリンクをクリックして下さい。

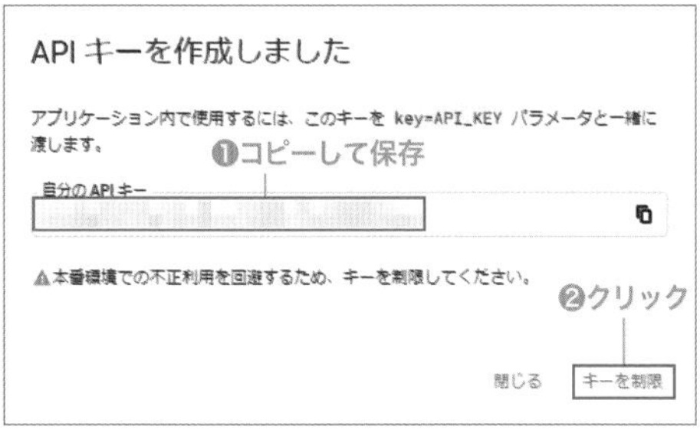

図9-3-3　作成されたAPIキーをコピーする

　キーの制限のための設定が表示されます。まず「アプリケーションの制限」というところを見て下さい。ここで、どういうアプリから利用可能かを指定します。「HTTPリファラー（ウェブサイト）」という項目を選択して下さい。

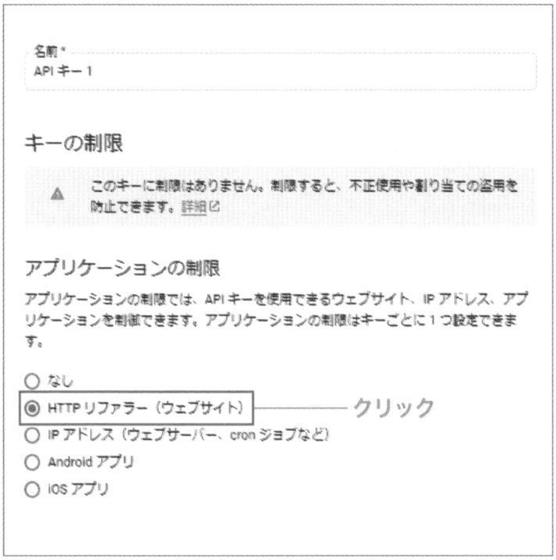

図9-3-4　アプリケーションの制限を行う

　その下にある「ウェブサイトの制限」というところから、「項目を追加」というリンクをクリックし、以下のようにサイトのアドレスを入力します。

　https://*.googleusercontent.com/*

これはColaboratoryのセル部分が配信されるURLです。入力し「完了」をクリックすると、このアドレスがウェブサイトの制限に追加されます。設定ができたら、一番下にある「保存」ボタンを押して設定を保存して下さい。これでAPIキーが完成します。

図9-3-5　ウェブサイトの制限にURLを追加する

APIキーの扱いには注意！
　GoogleのAPIは、ここで作成したAPIキーを使って利用者を特定しています。ですから、例えば他人があなたのAPIキーを使ってプログラムを作成し実行したら、それにかかる費用はすべてあなたに請求されます。APIキーは、例えばクレジットカード番号等と同じように、非常に重要な情報なのです。
　くれぐれもAPIキーの情報を安易に他人に教えたり、公開できる場所に掲載したりしないようにして下さい。Colaboratoryのノートブックはデフォルトで公開されたりすることはありませんが、WebページでAPIキーを使ってGoogleのAPIを利用する場合は、「ウェブサイトの制限」で自サイト以外からの利用ができないように制限するのを忘れないで下さい。

04 支払い設定をする

　次は、支払いの設定です。左上の（）をクリックし、現れたメニューから「お支払い」を選んで下さい。

図9-4-1　お支払いを選択する

　支払い設定が表示されますが、今の段階では「このプロジェクトには請求先アカウントがありません」と表示されているはずです。「請求先アカウントを管理」をクリックしましょう。

図9-4-2　「請求先アカウントを管理」をクリックする

　「課金」という表示になり、「自分の請求先アカウント」という項目が選択されます。ここにある「請求先アカウントを追加」ボタンをクリックして下さい。

図9-4-3 「請求先アカウントを追加」ボタンをクリックする

　「ステップ1 / 3」という表示が現れます。ここで、プロジェクトの規模（個人的なプロジェクト）を選び、利用規約のチェックをONにして次に進みます。

図9-4-4　プロジェクト規模と利用規約を入力する

　IDの確認と連絡先情報の表示になります。携帯電話の番号を入力し、「コードを送信」ボタンを押して下さい。SMSで番号が送られてくるので、これを入力して「確認」ボタンを押します。

図9-4-5　電話番号を入力して送信されたコードを入力する

アカウントの種類とカード情報を入力します。種類は「個人」を選んでおきましょう。そしてクレジットカードの番号と年月、CVCコード、カード名義を記入し、更に郵便番号と住所を入力します。すべて入力したら一番下の登録のボタンをクリックします。これは現在、無料トライアル期間が設けられているはずなので「無料トライアルを開始」ボタンをクリックしましょう。これで一定金額分まで無料で使えます。なお、無料トライアル終了後は通常の「開始」ボタンが表示されますのでこれをクリックして下さい。

　これで、GCPとAPIが使えるようになりました。結構難しかったと思いますが、認証情報や支払いの設定は最初に行っておけば、後はAPIが使いたくなったら「有効にする」ボタンでONにするだけで使えるようになります。セットアップさえできれば、GCPでAPIを使うのはそれほど大変ではないのです。

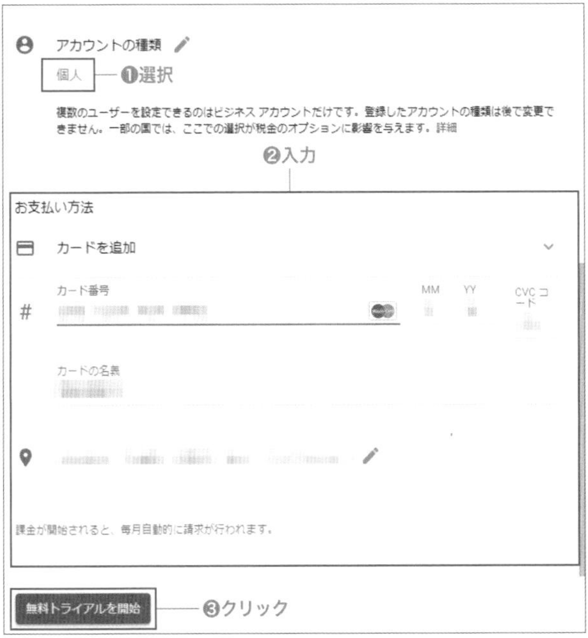

図9-4-6　クレジットカードと個人情報を入力する

05 Google GeoChartの基本

さあ、これでGoogle GeoChartが使えるようになりました。ではさっそく使い方を説明しましょう。

まず、Google GeoChartを利用するために必要となるHTMLタグについてです。これは以下のようになります。

```
<script type="text/javascript" src="https://www.gstatic.com/charts/loader.js"
></script>
```

これは、Google Chartというライブラリをロードするためのスクリプトです。Google GeoChartは、「Google Chart」というライブラリに用意されている多数の機能のうちの一つなのです。Google Chartは非常に幅広いチャート機能を提供します。このため、用意されている機能を「パッケージ」と呼ばれるいくつかのかたまりに分割してまとめ、必要なものだけをロードして使うようになっています。そのためのローダー（ロード用プログラム）が、上記のタグで読み込まれます。

この段階では、まだGoogle GeoChartは使えるようにはなっていません。読み込んだローダーの機能を使い、Google GeoChartのライブラリを読み込む必要があります。これはJavaScriptコードを使い、以下のように行います。

【書式】Google GeoChartの読み込み

```
google.charts.load(バージョン, {
    'packages': パッケージ,
    'mapsApiKey': 自分のAPIキー,
});
```

非常に複雑そうに見えますが、google.charts.loadというメソッドを呼び出しているだけの単純なものです。このメソッドでは、第1引数に読み込むバージョンを指定します。これは現行バージョンならば"current"としておきます。

第2引数に、読み込むライブラリに関する情報をまとめたオブジェクトを指定します。これは以下の2つの値を用意します。

| packages | 読み込むパッケージを配列にまとめて指定します |
| mapsApiKey | 利用者のAPIキーを指定します |

Google GeoChartを利用する場合は、`packages`の配列に`"geochart"`と値を指定します。`MapsApiKey`には、先にGCPで作成したAPIキーの値をペーストして使います。

GeoChartロード後の処理

　`google.charts.load`で読み込まれたGoogle GeoChartはどのように利用すればいいのでしょうか。これは、独特の手続きを行います。まず、以下のようなメソッドを呼び出します。

[書式] ロード後の処理を設定する

```
google.charts.setOnLoadCallback( 関数 );
```

　この`setOnLoadCallback`というのは、ライブラリのロードが完了した後で実行する処理を設定するものです。Google chartのライブラリは、ローダーを読み込んだ後、パッケージを別に読み込んで使います。このため、パッケージの読み込みが完了しないと使えません。そこで、「ロード完了後の処理」を設定するためのメソッドが用意されているのです。これで、引数に指定した関数にロード完了後の処理を用意します。ここで具体的なチャートの作成と表示を行うのです。

Geochatの作成と表示

　では、`setOnLoadCallback`で設定した関数ではどのような処理を行うのでしょうか。まず最初に、GeoChartに表示するデータを用意します。これは「DataTable」というオブジェクトとして用意します。`DataTable`を作成する方法はいくつかありますが、もっとも多用されるのは配列を元に`DataTable`を作る方法です。

[書式] データの用意

```
変数 = google.visualization.arrayToDataTable( 配列 );
```

Chapter 9

　`arrayToDataTable`は、引数に指定した配列を`DataTable`オブジェクトに変換して返すメソッドです。この配列は、2次元配列の形でデータをまとめたものになります。
　続いて、GeoChartというオブジェクトを作成します。これがGeoChartの本体となります。

[書式] GeoChartの作成

```
変数 = new google.visualization.GeoChart( エレメント );
```

引数には、表示するHTML要素のエレメントを指定します。これは
querySelectorやgetElementByIdなどのメソッドを使ってあらかじめ取り
出しておけばいいでしょう。

用意できたら、GeoChartオブジェクトのメソッドを使って描画をします。

[書式] GeoChartの表示

```
《GeoChart》.draw( データ , オプション );
```

第1引数には、マップチャートに表示するデータ（先ほどのDataTable）を指
定します。第2引数にはチャートに関する設定情報などをオブジェクトにまとめた
ものを用意します。これは、最低限以下の値が用意されていればいいでしょう。

```
{ width: 横幅 , height: 高さ }
```

これで、用意した設定情報などを元にマップチャートが作成され、指定のHTML
タグに組み込まれて表示されます。

マップチャートを表示する

では、実際にGeoChartを使ってマップチャートを表示してみましょう。セルを
新たに用意し、コードを以下のように記述して下さい。なお、「作成したAPIキー」
のところには、それぞれが作成したAPIキーの値をペーストして下さい。

リスト9-5-1

```
01  %%html
02  <script type="text/javascript" src="https://www.gstatic.com/charts/ ⊟
    loader.js"></script>
03  <script type="text/javascript">
04  google.charts.load('current', {  ········ 1
05    'packages':['geochart'],
06    'mapsApiKey': ' 作成したAPIキー ',    ······自分のAPIキーを指定して下さい
07  });
08
09  google.charts.setOnLoadCallback(regionMap);  ········ 2
10                                                            ········ 3
11  function regionMap() {
12    const data = google.visualization.arrayToDataTable([['name','value']]);
```

```
13    const options = {  ⋯⋯⋯⋯
14      height:500, width:800,  ⋯⋯⋯ 4
15    };  ⋯⋯⋯⋯⋯
16
17    const div = document.querySelector('#geomap')  ⋯⋯⋯ 5
18    const chart = new google.visualization.GeoChart(div);  ⋯⋯⋯ 6
19    chart.draw(data, options);  ⋯⋯⋯ 7
20  }
21  </script>
22  <div id="geomap"></div>
```

図9-5-1　世界地図が表示される

　これを実行するとセルの下に世界地図が表示されます。といっても、マップに詳細は表示されず、ただ国ごとに国境線で仕切られているだけの白地図の状態です。今回は何もデータを設定していないので、ただ白地図だけが表示されていたのです。

　ではコードの内容を見てみましょう。最初にloadでGeoChartパッケージをロードしていますね（■）。そして、setOnLoadCallbackメソッドで「regionMap」という関数を呼び出すように設定しています（2）。

　このregionMap関数の処理を見てみると、まず最初に以下のようなデータを用意しています（3）。

```
const data = google.visualization.arrayToDataTable([['name','value']]);
```

　引数には、[['name','value']]という値が用意されていますね。よくわからないかもしれませんが、これは['name','value']という配列を値に持つ配列

です。つまり「配列の配列（2次元配列）」の値だったのですね。

　配列には name と value という値が用意されています。DataTable オブジェクトは、データを以下のような形でまとめます。

```
[
  [ 項目名1, 項目名2, ……],
  [ 値1, 値2, ……],
  [ 値1, 値2, ……],
  ……略……
]
```

　2次元配列の最初の値は、設定する値の項目名をまとめたもので、2つ目の配列からが実際のデータになります。今回は、['name','value'] という値だけしかありませんから、項目名だけで実際のデータがない状態だった、というわけです。

　その後に、表示用のオプション情報をまとめた値を用意します（**4**）。

```
const options = {
  height:500, width:800,
};
```

　今回は800×500の大きさで表示することにしました。あとは、querySelectorで取得した〈div〉のエレメント（**5**）を指定して GeoChart オブジェクトを作成し（**6**）、用意しておいたデータやオプション設定を使用して表示を作成するだけです（**7**）。

```
const chart = new google.visualization.GeoChart(div);  ……… 6
chart.draw(data, options);  ……… 7
```

　これで、〈div〉の部分にマップチャートが表示された、というわけです。Google Chart は利用手順が非常に独特なので、慣れないとわかりにくいのですが、基本的な手順さえきちんと理解できれば、マップチャートの作成と表示はそう難しくはありません。

06 マップチャートに データを指定する

　これでマップチャートの表示自体はわかりました。では、これにデータを設定してみましょう。セルのコードを以下のように修正して下さい。

リスト9-6-1

```
01 %%html
02 <script type="text/javascript" src="https://www.gstatic.com/charts/
   loader.js"></script>
03 <script type="text/javascript">
04 google.charts.load('current', {
05   'packages':['geochart'],
06   'mapsApiKey': ' 作成したAPIキー '
07  });
08
09 google.charts.setOnLoadCallback(regionMap);
10
11 function regionMap() {
12   // ☆データ作成
13   const data = google.visualization.arrayToDataTable([ ┄┄┄┄┄
14     ['Country', 'value'],
15     ['Japan', 100],
16     ['United States', 70],
17     ['United Kingdom', 50],
18     ['France', 40],                                            ┄┄┄┄┄ 1
19     ['India', 30],
20     ['Brazil', 20],
21     ['South africa', 10],
22   ]); ┄┄┄┄┄┄┄┄┄┄┄┄┄┄┄┄┄┄┄┄┄┄┄┄┄┄┄┄┄┄┄┄┄┄┄┄┄┄┄┄┄┄┄┄┄
23   // ☆設定情報
24   const options = {
25     resolution: 'countries', ┄┄┄┄ 2
26     backgroundColor: '#eefaff', ┄┄┄┄ 3
27     colorAxis: {minValue:0, maxValue:100, colors: ['#ffffff',
   '#ff0000']}, ┄┄┄┄ 4
28     height:500, width:800,
29   };
30 // ☆ここまで
31
32   const div = document.querySelector('#geomap') ┄┄┄┄┄┄┄
33   const chart = new google.visualization.GeoChart(div); ┄┄┄┄ 5
34   chart.draw(data, options); ┄┄┄┄┄┄┄┄┄┄┄┄┄┄┄┄┄┄┄┄┄┄┄
35 }
36 </script>
37
38 <div id="geomap"></div> ┄┄┄┄ 6
```

図9-6-1　実行すると、いくつかの国にデータが設定され表示される

　実行すると、日本、米国、英国、フランス、インド、ブラジル、南アフリカといっ
た国にデータが設定されます。これらの国の色が赤く変わっているのがわかるでしょ
う。また、国の上にマウスポインタを移動すると、「Japan value: 100」とい
うように値がツールチップとして表示されます。値が大きくなるにつれ、赤い色が
濃くなっていくのがわかるでしょう。マップの左下に表示されている数値と色の関
係を見ると、国の色で大体の値がわかります。

○ データの作成

　では、コードを見ていきましょう。まず、マップチャートに使うデータの作成か
らです。ここでは以下のようにデータを用意しています（■1）。

```
const data = google.visualization.arrayToDataTable([
  ['Country', 'value'],
  ['Japan', 100],
  ['United States', 70],
  ['United Kingdom', 50],
  ['France', 40],
  ['India', 30],
  ['Brazil', 20],
  ['South africa', 10],
]);
```

最初の値は、['Country', 'value']となっていますね。これで国名と値を
設定しています。GeoChartに設定する値は、1つ目が表示する場所（国など）、2
つ目以降が値となります。項目の名前はどのようなものでもかまいません。

設定情報の作成

　続いて、マップチャートの設定をまとめたオブジェクトを用意します。これは今
回、新しい設定項目がいくつか使われています。

```
const options = {
  resolution: 'countries',
  backgroundColor: '#eefaff',
  colorAxis: {minValue:0, maxValue:100, colors: ['#ffffff', '#ff0000']},
  height:500, width:800,
};
```

　最後のheight/widthは既に使いましたが、それ以外のものは今回はじめて登
場する設定項目ですね。簡単に説明しましょう。

● resolution
　マップの細かさを設定するものです。これは、マップに表示され値を設定するエ
リアの細かさです。この項目には以下のいずれかの値を指定します。

'countries'	国単位でデータを表示
'provinces'	州、都道府県などの行政単位で表示
'metros'	街単位で表示（米国のみ対応）

　今回のサンプルでは、'countries'としていますね（2）。これで、国単位で
値を設定するようになります。

● backgroundColor
　背景色の指定です。これは国（陸地）以外のところ、つまり海の部分の色になり
ます。RGBを16進数で表したテキストで指定します（3）。

● colorAxis
　エリアを塗りつぶす色と値の関係を指定するものです（4）。ここでは以下の3つ
の値が用意されています。

minValue	値の最小値
maxValue	値の最大値
colors	最小値から最大値までの色の変化の指定

このcolorAxisは、minValueで指定した最小値のときにcolorsの1つ目の色が使われ、maxValueで指定した最大値のときにcolorsの最後の値が使われます。そしてその間は、値が最小値から最大値までの間のどのあたり（割合）にあるかをもとにcolorsの色の変化の割合を決めます。例えばminValue:0、maxValue:100になっていたときに値が50ならば、colorsで設定された['#ffffff', '#ff0000']の2つの色の中間色で表示されます。

このcolorAxisが、データをマップチャートで表示する際にもっとも重要となるものでしょう。ただし、実を言えばこの値は、なくともマップチャートは表示できるのです。その場合、マップには白から緑までの範囲が設定され、値の最小値と最大値は、ゼロから、設定されたデータの最大値までの範囲が指定されます。

これで全く問題はありませんが、やはりマップチャートは「どのような色の変化で値の変化を表現するか」が非常に重要になります。その設定方法はきちんと理解しておきたいですね。

マップチャートの作成表示

データと設定さえ用意できれば、後は簡単です。マップチャートを表示するエレメントを取得し、GeoChartオブジェクトを作成し、データと設定を指定して描画するだけです（**5**）。

```
const div = document.querySelector('#geomap')
const chart = new google.visualization.GeoChart(div);
chart.draw(data, options);
```

ここでは、<div id="geomap">というように表示用のHTML要素を用意してあります（**6**）。querySelectorでこのHTMLのエレメントを取り出し、GeoChartオブジェクトを作成してdrawで描画します。このあたりはもう書き方と手順が決まっていますから、迷うことはないでしょう。

07 日本の都道府県を表示する

　基本的な表示の方法がわかったら、今度は世界地図ではなく日本地図を使い、都道府県単位で値を表示させてみましょう。

　先ほどのサンプルで、データとなる定数dataと、設定情報である定数options の記述部分（☆データ作成〜☆ここまで）を以下のように書き換えて下さい。

リスト9-7-1

```
01  const data = google.visualization.arrayToDataTable([
02    ['都道府県', '売上'],
      ['北海道', 100],
03    ['青森', 70],
04    ['秋田', 50],
05    ['岩手', 40],
06    ['山形', 30],
07    ['宮城', 20],                           1
08    ['福島', 10],
09    ['茨城',5],
10    ['千葉', 123],
11    ['埼玉', 60],
12    ['東京', 80],
13  ]);
14  const options = {
15    region: 'JP',                            2
16    resolution: 'provinces',
17    backgroundColor: '#eefaff',
18    colorAxis: {colors: ['#ffff00', '#ff0000']},
19    height:500, width:800,
20  };
```

図9-7-1　日本の都道府県単位でデータを表示する

　セルを再実行すると、日本地図に表示が変わります。そこで都道府県単位で色が
表示されます。今回はサンプルということで東日本のデータだけを表示しましたが、
もちろんすべての都道府県にデータを設定することが可能です。

　データ部分は、ラベルを['都道府県', '売上']と設定し、['北海道', 100]
というように都道府県名と値を配列にまとめています（■）。日本の場合、都道府県
はすべて漢字で指定することができます。

　都道府県を表示する場合、重要なのがマップの設定です。ここでは以下のような
項目が用意されています（■）。

```
region: 'JP',
resolution: 'provinces',
```

　regionは、表示する地域を指定するものです。これはISO 3166-2という国や
地域のコードを指定する規格の値を利用します。日本の場合は、'JP'と値を指定
します。（ISO 3166-2については https://ja.wikipedia.org/wiki/ISO_3166-2
を参照）

　そしてresolutionを'provinces'にして下さい。これで日本の都道府県単
位でデータがマップに表示されるようになります。

　colorsAxisやwidth/heightは、これまでと同じように設定します。これら
は国単位でも都道府県単位でも違いはありません。

08 データ表示のカスタマイズ

マップチャートの基本的な使い方がわかったら、表示に関する設定をもう少し使ってみましょう。

まずはツールチップに関するものです。マップチャートでは、マウスポインタを都道府県のエリア内に移動するとツールチップで情報が表示されました。ツールチップの表示は非常にテキストも小さく見づらいので、これをカスタマイズする方法を知っておきたいところです。これは「tooltip」というオプションを使って設定できます。これは以下のように値を設定します。

[書式] ツールチップの設定

```
tooltip: {
  textStyle:{
    color: 色値,
    fontName: テキスト,
    fontSize: 数値,
    bold: 真偽値,
    italic: 真偽値
  },
  trigger: トリガー
},
```

わかりにくいですが、tooltipにはtextStyleとtriggerという2つの値が用意されています。そしてtextStyleには、更にcolor、fontName、fontSize、bold、italicといった値が用意されているのです。

これらの中でわかりにくいのは「trigger」でしょう。これは、どのようなタイミングでツールチップを表示するかを指定するもので、以下のいずれかの値を使います。

'none'	表示しない
'focus'	マウスポインタがエリア内に入ったら表示
'selection'	エリアをクリックしたら表示

とりあえず、textStyleで表示テキストを設定できることがわかっていれば、見やすいツールチップを表示することができるでしょう。

Chapter 9

続いて凡例について説明します。凡例は、マップ左下に表示されている色と値の関係を表示した部分のことです。これも、tooltipと同様にtextStyleで表示テキストの設定ができます。

[書式] 凡例の設定

```
legend: {
  textStyle:{
    color: 色値,
    fontName: テキスト,
    fontSize: 数値,
    bold: 真偽値,
    italic: 真偽値
  },
  numberFormat: フォーマット,
},
```

この他、numberFormatという項目を用意して、数値のフォーマットを設定することもできます。これは#0. といった記号を使ってフォーマットを設定します。例えば、"#,###"とすれば3桁ごとにカンマが表示されます。

データが設定されていないエリアは、datalessRegionColorという値を用意することで指定の色に塗りつぶすことができます。デフォルトは淡いグレーですが、これで他の色に変更することも可能です。

[書式] データのないエリアの表示色

```
datalessRegionColor:'#999',
```

表示をカスタマイズする

では、これらの設定を用意して表示をカスタマイズしてみましょう。先ほどと同様に、リスト9-7-1を使って、データの定数dataと、設定情報の定数optionsの値を以下のように書き換えて下さい。

リスト9-8-1

```
01  const data = google.visualization.arrayToDataTable([
02    ['都道府県', '感染者数', '死亡者数'],
03    ['北海道', 60570, 1469],
04    ['青森', 5870, 38],
05    ['秋田', 1894, 27],
06    ['岩手', 3486, 53],
07    ['山形', 3528, 56],
```

```
08   ['宮城', 16252, 118],
09   ['福島', 9476, 175],
10   ['茨城', 24351, 217],
11   ['栃木', 15417, 116],
12   ['群馬', 16694, 174],
13   ['埼玉', 115419, 1023],
14   ['千葉', 100169, 1016],
15   ['東京', 377159, 3083],
16 ]);
17 const options = {
18   region: 'JP',
19   resolution: 'provinces',
20   backgroundColor: '#eefaff',
21   legend: {textStyle: {color: 'blue', fontSize: 18, bold:true}, number-
Format:'#,####'},   ········· 1
22   tooltip: {textStyle: {color: 'blue', fontSize: 24}, trigger: 'selection'
},
23   colorAxis: {minValue:2000, maxValue:100000, colors: ['#ffff00', '#ff0000'
]},
24   datalessRegionColor:'#99c',
25   height:500, width:800,
26 };
```

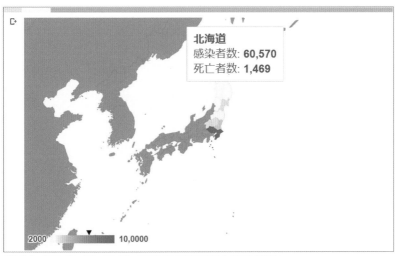

図9-8-1　凡例、ツールチップ、データのないエリアの表示をカスタマイズする

　実行すると、東日本のCOVID-19感染状況をマップで表示します。こんな具合に
データを視覚化できると、随分と見やすくなりますね。
　ここでは、都道府県名と感染者数、死者数をデータとして用意しています。
GeoChartでは、このようにデータは1つだけでなく、2つ持たせることもできま

す。セルを実行し、マップが表示されたら、表示されている都道府県をクリックしてみましょう。その場でツールチップが表示されます。フォントサイズと色を設定しているので、デフォルトのツールチップに比べるとだいぶ情報が見やすくなっているでしょう。

　凡例は、よく見ると10,0000というように4桁ごとにカンマが表示されています。これはnumberFormatによるものです（）。またデータがないエリアはやや濃い目のブルーに変わっていますね。こんな具合に、マップの表示をカスタマイズすることができるのです。

09 CSVファイルから データを読み込む

これでマップを使ったデータの視覚化の方法はだいたいわかりました。しかし、データをいちいち配列に手書きしていくのでは面倒です。あらかじめ用意したファイルを読み込んで表示する、といった方法を知っておきたいですね。

では、実際に簡単なサンプルを作成してそのやり方を説明しましょう。ここではCOVID-19の感染状況データのCSVファイルを読み込んでマップチャート化する、ということを行ってみます。今回使用するデータは、「COVID-19 Japan 新型コロナウイルス対策ダッシュボード」というWebサイトから取得します。このサイトではCOVID-19の感染状況データをCSVファイルで配布しています。以下のURLにアクセスして下さい。その日の最新状況がダウンロードできます。

https://www.stopcovid19.jp/data/covid19japan.csv

ダウンロードされる「covid19japan.csv」というファイルには、各都道府県のデータが以下のような形式で書かれています。

```
Hokkaido,北海道,60608,208,58906,1469,1,25,1132693,JP-01
Aomori,青森県,5870,146,5686,38,1,0,90961,JP-02
Iwate,岩手県,3486,1,3432,53,0,0,123725,JP-03
……以下略……
```

データは2番目に日本語の都道府県名、3番目に累積陽性者数、6番目に累積死者数が記述されています。これらの値を取り出してGeoChartでマップチャートにしてみましょう。

では、以下のようにセルのコードを書き換えて下さい。今回はすべてのコードを掲載しておきます。

リスト9-9-1

```
01  %%html
02  <script type="text/javascript" src="https://www.gstatic.com/charts/
    loader.js"></script>
03  <script type="text/javascript">
04  google.charts.load('current', {
05    'packages':['GeoChart'],
06    'mapsApiKey': ' 作成したAPIキー '
07  });
```

Chapter 9

```
08
09  function dochange(event) {
10    const file = event.target.files[0];  ········· ▉1
11    if (file) {
12      const reader = new FileReader();  ······┐
13      reader.readAsText(file);  ···············┴········ ▉2
14      reader.onload = (event)=> {
15        const rows = [];  ········· ▉3
16        const data = event.target.result.split('\n');  ········· ▉4
17        for(let i in data) {
18          if (i == 0) {  ···························┐
19            rows.push(['都道府県', '感染者数', '死者数']);  ┤········ ▉5
20            continue;  ···························┤
21          }  ···································┘
22          let row = data[i].split(',');  ······┐
23          if (row.length < 6) break;  ··········┴········ ▉6
24          rows.push([  ··························································┐
25            row[1]=='北海道' ? row[1] : row[1].slice(0,-1),  ········ ▉7
26            +row[2], +row[5]  ···························································┘
27          ]);
28        }
29        // ☆作成した2次元配列(rows)を利用する
30        regionMap(rows);  ········· ▉8
31      }
32    }
33  }
34
35  function regionMap(rows) {
36    const data = google.visualization.arrayToDataTable(rows);
37    const options = {
38      region: 'JP',
39      resolution: 'provinces',
40      backgroundColor: '#eefaff',
41      colorAxis: {colors: ['#fff', '#f00', '#000']},
42      tooltip: {textStyle: {color: 'blue', fontSize: 20}},
43      height:500, width:800,
44    };
45
46    const div = document.querySelector('#geomap')
47    const chart = new google.visualization.GeoChart(div);
48    chart.draw(data, options);
49  }
50  </script>
51
52  <div id="geomap"></div>
53  <div><input type="file" onchange="dochange(event);"></div>  ········· ▉9
```

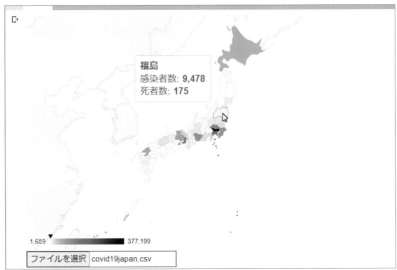

図9-9-1　CSVファイルを読み込みCOVID-19感染者状況のマップチャートを作る

　セルを実行すると、ファイルを選択するボタンが表示されます。これをクリックして、ダウンロードしたCSVファイル（covid19japan.csv）を開いて下さい。ファイルを読み込み、全国の累積陽性者数と累積死者数がマップに設定されます。各都道府県の上にマウスポインタを移動すれば、ツールチップで情報が表示されます。

CSVファイルからデータ用配列を作る

　では、処理の流れを見ていきましょう。今回は、これまで何度かやってきたように<input type="file">を使い（**9**）、ファイルを開いてその内容を読み込み利用しています。

　onchangeイベントで呼び出される関数dochangeでは、event.target.files[0]から開いたファイルを取り出した後（**1**）、FileReaderオブジェクトを使って中身のテキストを読み込みます（**2**）。

```
const reader = new FileReader();
reader.readAsText(file);
```

　「readAsText」というのは、FileReaderを使って引数のテキストファイルからテキストを読み込むものです。CSVファイルも中身はテキストで記述されていま

すので、これでテキストとして読み込むことができます。

そして読み込み終わったら実行する処理をonloadに以下のような形で用意します。

```
reader.onload = (event)=> {
  const rows = [];  ……… 3
  const data = event.target.result.split('\n');  ……… 4
  for(let i in data) {
    let row = data[i].split(',');
    ……rowから必要な値を取り出しrowsに追加していく……
  }
  // ☆ここで作成されたrowsの処理を行う
}
```

データを保管する空の配列rowsを用意しておき（3）、それからevent.target.result.split('\n')という値を定数dataに取り出していますね（4）。event.target.resultは、読み込んだデータ（ここではテキスト）が保管されているところでした。では、split('\n')というのは？　これは、引数の値でテキストを分割し配列にするものです。'\n'というのは改行コードを示す値です。つまり、これで改行ごとにテキストを分割して配列にしていたのですね。

forの繰り返し内では、for(let i in data)で各行ごとに処理を行っていきます（6）。

```
if (i === 0) {
  rows.push(['都道府県', '感染者数', '死者数']);
  continue;
}
```

最初のデータは、英語表記の見出しなので、これは使いません。日本語の配列を用意してrowsに追加します。「push」というのは、配列の最後に値を追加するメソッドです。そしてcontinueというキーワードを使って次の繰り返しに進みます。

その他の行は、データをカンマで区切って配列に分割します。ここでは6番目のデータまで利用するので、分割した配列の要素数が6未満の場合はデータが不完全なので繰り返しを終了します（6）。

```
let row = data[i].split(',');
if (row.length < 6) break;
```

pushを使い、分割した配列rowから必要な値を取り出して配列にまとめたもの
をrowsに追加します（**7**）。

```
rows.push([
  row[1]=='北海道' ? row[1] : row[1].slice(0,-1),
  +row[2], +row[5]
]);
```

　row[1]=='北海道' ? row[1] : row[1].slice(0,-1)というのは、
Chapter5-06でも登場した「三項演算子」を使ったものです。三項演算子は、以下
のように記述した式のことでしたね。

[書式] 三項演算子

```
条件式 ? trueの値 : falseの値
```

　最初に条件となる式（比較演算の式など）を用意しておき、その結果がtrueの
場合は?の後にある値を、falseの場合は:の後にある値を使います。

　ここでは、row[1]=='北海道'という条件をチェックし、これが正しければ
row[1]を、そうでなければrow[1].slice(0,-1)を返す、という処理をして
いますね。どういうことかというと、「北海道」だけはそのまま値を取り出し、それ
以外のものは最後の1文字を削除して取り出しているのです。例えば「東京都」な
ら「東京」、「千葉県」なら「千葉」というようにしているのですね。GeoChartで
は、都道府県を、北海道以外は最後の「都府県」をつけない状態で名前を指定する
ので、このような処理をしています。

　その後の+row[2], +row[5]は、それぞれrow[2]（累積陽性者数）とrow[5]
（累積死者数）の値を数値として取り出すものです。そのままだとテキスト扱いにな
るので、+をつけて数値に変換しています。
　これで、CSVファイルから2次元配列のデータが作成できました。後は、これを
引数に指定してregionMap関数を呼び出すだけです（**8**）。この関数では、
arrayToDataTable(rows)というように引数で渡されたデータを使って
DataTableオブジェクトを作ります。後は、これまでやったのと同じように処理
を行っていくだけです。

10 データの加工方法を学ぼう

　最後にCSVファイルを読み込んでマップチャートにする、ということを行ってみました。ここに至ってようやくGoogle GeoChartの有用性を実感できたのではないでしょうか。

　「データを簡単にマップ化できる」というのは、さまざまなデータを扱う業務で非常に役立ちます。が、そのために毎回手作業で2次元配列を書くのでは全く便利ではありません。データをGoogle GeoChartに渡せる形に加工する方法が分かれば、必要なデータをファイルで読み込むだけでマップ化できます。

　Google GeoChartの活用は、Google GeoChartの使い方よりも、「ファイルからデータを読み込み、どのように加工すればいいか」が重要です。最後に作成したonchange関数の処理をよく読み、テキストデータからどのように2次元配列を作成しているかを理解しましょう。この部分さえ自分でできるようになれば、さまざまなデータをアップできるようになるでしょう。

CSVファイルは応用が可能

　また、CSVファイルのロードは、これまで使ってきたさまざまなライブラリでも応用ができます。例えばJspreadsheetやChart.jsで、データをCSVファイルから読み込んで利用することもできるようになります。

　CSVファイルは、Excelなどの表計算ソフトで作成したデータを外部で利用するようなときに多用されます。CSVファイルを読み込んで2次元配列としてデータを取り出せるようになれば、さまざまなライブラリでそのデータを利用できるようになるのです。ファイルアクセスの基本として、CSVファイルの読み込み方法はぜひマスターしておきましょう。

11 プロジェクトの終了について

　皆さんの多くは、まだ本格的にGoogle GetChartを導入するか決めかねているかもしれません。とりあえず学習のために一通り試してみた、という人も多いでしょう。

　そのような人は、一通りの使い方がわかって「もう利用はしない」となったら、作成したGCPのプロジェクトを削除しておきましょう。以下のアドレスにアクセスをして下さい。プロジェクト名が分からない時は、GCPのコンソールにログインした後、メニューから［ホーム→ダッシュボード］を選ぶと、以下の「プロジェクト情報」の表示が見つかります。

https://console.cloud.google.com/home/dashboard?project=プロジェクト名

図9-10-1　GCPのダッシュボード。「プロジェクト設定に移動」をクリックする

　プロジェクトのダッシュボード画面が表示されます。この左上に「プロジェクト情報」という表示がされています。そこにある「プロジェクト設定に移動」をクリックして下さい。

　「IAMと管理」という画面が現れ、そこにプロジェクトの設定情報が表示されます。このプロジェクトを終了するには、上部の「シャットダウン」というリンクをクリックします。

Chapter 9

画面にシャットダウンの確認をするパネルが現れます。ここに、シャットダウンするプロジェクト名を入力して「シャットダウン」をクリックしましょう。これでプロジェクトが終了し、GCPから削除されます。

図9-10-2 「シャットダウン」をクリックする

プロジェクトの削除をしないと、気が付かないうちにGoogel APIにアクセスをしていて課金されていた、などということもあり得ないわけではありません。不要なAPIや不要なプロジェクトは、使い終わったらすぐに終了し消したほうが安全です。

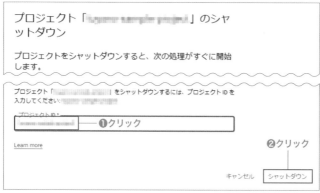

図9-10-3 プロジェクト名を入力してシャットダウンする

Chapter 10

Google Chartで
業務用チャート

この章のポイント

・組織図を表示できるようになろう
・タイムラインを表示できるようになろう
・ガントチャートを表示できるようになろう

01 Google Chartの多彩なチャート
02 組織図を作る
03 クリックイベントと項目の折り畳み
04 タイムラインを作る
05 オプション設定で表示を調整
06 項目のグループ化
07 ガントチャートを作る
08 依存タスクを指定する
09 ガントチャートの設定
10 Google Chartの基本はすべて同じ！

Chapter 9でGoogle GeoChartを使ったマップチャートを利用しました。これは、Google ChartというライブラリにあるGeoChartパッケージを使って行っていました。

Google Chartには、この他にも多数のチャート機能がパッケージとして用意されています。一般的なグラフのようなものだけでなく、業務などで使える便利なチャートが多数揃っているのです。せっかくGoogle Chartを使えるようになったのですから、こうした便利なチャートも使えるようにしたいですね。

では、Google Chartにはどのようなチャートが用意されているのでしょうか。簡単に整理しておきましょう。

●一般的なグラフ

データを元に作成する一般的なグラフは一通り対応しています。棒グラフ、折れ線グラフ、円グラフといった基本的なものの他、ヒストグラムや散布図なども用意されています。

●組織図

組織の階層的な構造を表す組織図や、単語のつながりを表すワードツリーなど、組織的なものの階層構造を表すようなチャートも用意されています。

●プロジェクト管理

プロジェクトの進行を管理するガントチャートや、スケジュール管理などで用いられるタイムラインなどのチャートも作成できます。

この章では、一般的なグラフ以外のものから実務に役立つものをピックアップし、基本的な使い方を説明します。

ライブラリのロードについて

さまざまなチャートの使い方を説明しますが、これらはすべてGoogle Chartの一部です。したがって、基本的な使い方は同じです。簡単に利用手順を整理しておきましょう。実際のサンプル作成はChapter10-2以降で行います。

❶ローダーを読み込む

Google Chartは、ローダーと呼ばれるスクリプトを読み込んで利用するのが基本です。これは以下のHTMLタグを用意しておくだけです。

```
<script type="text/javascript" src="https://www.gstatic.com/charts/loader.js"></script>
```

❷パッケージのロード

利用するチャートのパッケージを読み込みます。これは、google.chartsのloadメソッドを使います。現行バージョンを使う場合、第1引数は'current'にしておきます。

```
google.charts.load(バージョン, {packages:[ パッケージ ]});
```

❸コールバックの設定

読み込んでから自動的にチャートを表示したい場合は、setOnLoadCallbackメソッドを使ってロード完了後に実行する関数を設定しておきます。

```
google.charts.setOnLoadCallback( 関数 );
```

❹DataTableオブジェクトの作成

チャートで使うデータは、DataTableオブジェクトとして用意します。new DataTableで作成する他、arrayToDataTableというメソッドを呼び出して2次元配列からDataTableを作成することもできます。

【書式】DataTableオブジェクトの作成1（newを使う）

```
変数 = new google.visualization.DataTable();
```

【書式】DataTableオブジェクトの作成2（arrayToDataTableメソッドを使う）

```
変数 = google.visualization.arrayToDataTable( データ );
```

❺チャートのオブジェクトを作成

利用するチャートのオブジェクトを作ります。Google Chartでは、チャートごとにgoogle.visualization.〇〇Chartといったオブジェクトが用意されています。このオブジェクトを以下のように作成します。引数には、チャートを表示するエレメントを指定します。

```
const chart = new google.visualization.チャート( エレメント );
```

⑥チャートを描く

　チャートのオブジェクトにあるdrawメソッドを呼び出してチャートを描きます。
引数には、チャートで使うデータ（DataTable）オブジェクトを指定します。

```
チャート.draw(《DataTable》);
```

　これで、チャートが画面に表示されます。チャートの種類は違っても、この基本
的な手順はほぼ同じです。Chapter 9で使ったGoogle Geochartも、基本的な使
い方はこの一連の手順通りだったことがわかるでしょう。
　この基本の処理手順さえしっかり理解すれば、どんな種類のチャートも作成し表
示できるようになります。

02 組織図を作る

　では、組織図から使っていきましょう。組織図は「OrgChart」というパッケージとして用意されています。これは、google.charts.loadで以下のようにパッケージを指定してロードします。

```
google.charts.load('current', {packages:["orgchart"]});
```

　そして、DataTableを作成します。Chapter10-01で説明した通り、arrayToDataTableメソッドを使うと良いでしょう。これは引数に2次元配列を指定しますが、この配列は以下のような形で作成します。

```
[
  [ ID, 接続先ID, ツールチップ],
  ……略……
]
```

　各配列には、そのデータに割当てられるIDと、その項目がどの項目につなげられるかを指定する値、そしてツールチップとして表示するテキストの3つで構成されます。
　こうして用意した2次元配列を指定してarrayToDataTableを呼び出し、DataTableを作成したら、後はOrgChartオブジェクトを作ってチャートを作成するだけです。

組織図を作ってみよう

　では、実際に組織図を作ってみましょう。新しいセルを用意して以下のように内容を記述して下さい。

リスト10-2-1

```
01  %%html
02  <script type="text/javascript" src="https://www.gstatic.com/charts/
    loader.js"></script>
03  <script type="text/javascript">
04  google.charts.load('current', {packages:["orgchart"]});
05  google.charts.setOnLoadCallback(drawChart);
06
```

```
07  const ob = [ ··············
08    ['名前', '上司', '役職'],
09    ['山田太郎', '', '課長'],
10    ['田中花子', '山田太郎', '係長'],        ········ ▉
11    ['中野幸子', '山田太郎', '係長'],
12    ['鈴木一郎', '田中花子', '社員'],
13    ['佐藤次郎', '田中花子', '社員'],
14  ] ··············
15
16  function drawChart() {
17    const data = new google.visualization.arrayToDataTable(ob);
18    const div = document.querySelector('#chart')
19    const chart = new google.visualization.OrgChart(div);
20    chart.draw(data);
21  }
22  </script>
23  <div id="chart"></div>
```

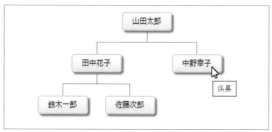

図10-2-1　組織図を表示する

　実行すると、ごく簡単な組織図が表示されます。「山田太郎」課長を最上位にし、そこから田中花子・中野幸子係長、そして田中花子の下に鈴木一郎、佐藤次郎といった社員が表示されています。用意されているデータを見てみましょう（▉）。

```
const ob = [
  ['名前', '上司', '役職'],
  ['山田太郎', '', '課長'],
  ['田中花子', '山田太郎', '係長'],
  ['中野幸子', '山田太郎', '係長'],
  ['鈴木一郎', '田中花子', '社員'],
  ['佐藤次郎', '田中花子', '社員'],
]
```

　各配列の1つ目の名前がそれぞれの項目に表示されているのがわかります。そして2つ目に指定した項目の下に各項目が表示されています。表示されている項目にマウスポインタを持っていくと、3つ目の引数に指定したテキストがツールチップとして表示されます。各値の役割をしっかりと理解しましょう。

03 クリックイベントと項目の折り畳み

　組織図に表示される項目には、クリックした際のイベント処理を設定できます。これを利用することで、項目を操作するような処理を作れます。

　クリック時の処理は、google.visualization.eventsというオブジェクトにある「addListener」というメソッドを使って作成します。

【書式】組織図をクリックした際のイベント処理

```
google.visualization.events.addListener(チャート, イベント名, (event)=> {
    ……処理……
});
```

　addListenerの第1引数には、イベントを設定するチャートのオブジェクトを指定します。第2引数には、処理を割り当てるイベント名を指定します。OrgChartで項目をクリックした時のイベントは、'select'というイベント名を指定すれば設定できます。

　第3引数には、イベント発生時に実行する関数を指定します。引数には発生したイベントの情報を管理するオブジェクトが渡されます。この中で項目を選択したときの処理を用意すればいいのです。

選択された項目のデータ

　では、選択された項目はどのように調べればいいのでしょうか。これは、チャートオブジェクトにある「getSelection」というメソッドを使います。

【書式】選択された項目を調べる

```
変数 = チャート.getSelection();
```

　これで、選択されている項目の情報がオブジェクトとして返されます。OrgChartの場合、これで得られる値はこのような形になっています。

getSelectionで得られる値

```
[ {row: 行番号, column: 列番号} ]
```

　rowとcolumnという項目を持つオブジェクトの配列が返されます。OrgChart

の場合、この row の値が、arrayToDataTable で設定した配列のインデックス番号になります。row:0 ならばデータ配列の最初の項目が選択されている、というわけです。

項目の折り畳みと展開

ここではクリックしたときの処理として、「項目を折りたたむ」ということをやってみましょう。OrgChart では、特定の項目を折り畳み、それ以降にある項目を隠したりサイド表示させたりすることができます。これはチャートの「collapse」というメソッドで行います。

【書式】項目を降りたたむ

```
チャート.collapse( 行番号 , 真偽値 );
```

第1引数には、操作する項目の行番号を指定します。OrgChart の場合、arrayToDataTable で設定した2次元配列内のインデックス番号がこの値になります。第2引数は真偽値で、true にすると折り畳み、false にすると展開表示します。

【書式】折りたたまれている項目の行番号を調べる

```
変数 = チャート.getCollapsedNodes();
```

では、操作する項目が折りたたまれているのか展開表示されているのかはどうやって調べればいいのでしょうか。OrgChart には、指定した項目の展開状態を調べるメソッドはありません。しかし、現在折りたたまれている項目の行番号を調べるメソッドがあります。

これで、現在折りたたまれている項目の行番号をまとめた配列が得られます。この中に、getSelection で得た項目の行番号が含まれていれば、それは折りたたまれていると判断できるわけです。

クリックして折りたたむ

では、実際にコードを書いて動かしましょう。今回は、先ほど作成したサンプルの drawChart 関数を書き換えて処理を追加することにしましょう。以下のように関数を変更して下さい。

リスト10-3-1

```
01  function drawChart() {
02    const data = google.visualization.arrayToDataTable(ob);
03    const div = document.querySelector('#chart')
04    const chart = new google.visualization.OrgChart(div);
05    chart.draw(data);
06
07    google.visualization.events.addListener(chart, 'select', (event)=> {
08      const target = chart.getSelection();  ┈┈┈┈┈┈ ■1
09      const row = target[0].row;  ┈┈┈┈┈┈┈┈┈┈┈
10      const nodes = chart.getCollapsedNodes();  ┈┈┈┈ ■2
11      for(let i in nodes) {  ┈┈┈┈┈┈┈┈┈┈┈
12        if (nodes[i] == row) {
13          chart.collapse(row, false);
14          chart.setSelection(row);  ┈┈┈┈ ■3
15          return;
16        }
17      }  ┈┈┈┈┈┈┈┈┈┈┈┈┈┈┈┈┈┈┈┈┈┈┈┈┈
18      chart.collapse(row, true);  ┈┈┈┈ ■4
19      chart.setSelection(row);
20    });
21  }
```

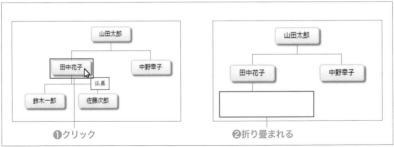

図10-3-1　項目をクリックすると、それ以降の項目が折り畳まれて消える。再度クリックすると再表示される

　実行したら、適当な項目をクリックして下さい。すると、その項目より下につな
がっていたものがすべて消えて非表示になります。再度クリックすると元の状態に
戻ります。

　では、addListenerでイベントに割り当てている関数の処理を見てみましょ
う。ここではまず選択された項目の行番号と、現在折り畳まれている項目のデータ
をそれぞれ変数に取り出しています（■1）。

```
const target = chart.getSelection();  ……… 1
const row = target[0].row;            ……………
const nodes = chart.getCollapsedNodes();  ……… 2
```

そして、折り畳まれている項目データの配列から繰り返し値を取り出していき、それが選択された行番号と等しければcollapseで項目を展開表示します（3）。

```
for(let i in nodes) {
  if (nodes[i] == row) {
    chart.collapse(row, false);
    chart.setSelection(row);
    return;
  }
}
```

nodes内に項目の行番号があれば、この繰り返し内で処理が実行されます。処理が実行されずに繰り返しを抜けた場合は、nodesに行番号がなかった（つまり折り畳まれていない）ということなので、collapseで折り畳みます（4）。

```
chart.collapse(row, true);  ……… 4
chart.setSelection(row);    ……… 5
```

setSelectionというのは、引数に指定した行番号をON/OFFするメソッドです。selectイベントでは、選択された状態の項目をクリックするとgetSelectionの値はnullになってしまいます（選択されていない状態に戻るため）。そこで、選択して処理を実行したら、次クリックの準備のため、再度setSelectionを実行して選択されてない状態に戻しています（4）。こうすれば、次にクリックしたときもgetSelectionで選択項目が得られます。

これで、クリックするごとに項目を折り畳んだり展開したりできるようになりました。折り畳んでいるかどうかを繰り返しで調べるのがちょっと面倒ですが、処理自体はそう難しくはありませんね。

組織図は、作成とクリック操作ができれば、それなりに使えるものが作成できます。まずは、組織図のデータ構成を理解し、データの書き方をしっかり理解しましょう。

04 タイムラインを作る

　プロジェクトなどのスケジュール管理によく使われるのが「タイムライン」です。さまざまな業務をいつからいつまでの範囲で行うのか指定し、視覚的に全体の流れを把握できるようにします。

　このタイムラインもGoogle Chartで作成することができます。これはTimelineというチャートで、以下のようにロードします。

【書式】タイムラインをロードする

```
google.charts.load('current', {packages: ['timeline']);
```

　これでTimelineが使えるようになります。ただし、タイムラインは日時を扱うことが多いため、デフォルトのままではこれらがすべて英語表記のままになります。そこで、以下のように使用言語を指定してロードするようにしておくのが一般的です。

【書式】日本語を指定してタイムラインをロードする

```
google.charts.load('current', 'packages: ['timeline'], 'language': 'ja'});
```

　こうすることで、Timelineの日時の表示が日本語でされるようになります。

　Timeline利用の基本的な流れは、他のチャートと同じです。DataTableを用意し、Timelineオブジェクトを作成してdrawで描画する、という形ですね。

　データとして用意する2次元配列は、以下のような形になります。

【書式】タイムラインで表示するデータ

```
[
  [ 項目名 , 開始日時 , 終了日時 ]
  ……略……
]
```

　項目名と開始・終了の日時を配列にまとめた形でデータを用意します。日時は、Dateオブジェクトを使って作成します。この他、ラベルを追加して以下のようにデータを用意することもできます。

【書式】タイムラインで表示するデータ（ラベル付き）

```
[ 項目名 , ラベル , 開始日時 , 終了日時 ]
```

　ラベルというのは、タイムラインのバーに表示されるテキストのことです。左側
に項目の名前が表示され、バーにもテキストを表示させたい場合には、このように
データを用意します。

タイムラインを表示する

　では、実際にタイムラインを表示してみましょう。新しいセルを用意し、以下の
ようにコードを記述して下さい。

リスト10-4-1

```
01  %%html
02  <script type="text/javascript" src="https://www.gstatic.com/charts/ ⤶
    loader.js"></script>
03  <script type="text/javascript">
04  google.charts.load('current', {packages: ['timeline'], language: 'ja'});
05  google.charts.setOnLoadCallback(drawChart);
06
07  const data = [                                                    ①
08    ['プロジェクト', 'ラベル', '開始', '終了'],
09    [ '企画立案', '企画', new Date(2021, 10, 1), new Date(2021, 11, 30) ],
10    [ '市場調査', '市場調査', new Date(2021, 10, 15), new Date(2021, 11,
      15) ],
11    [ '予算策定', '予算', new Date(2021, 11, 10), new Date(2021, 11, 25) ],
12    [ '設計', 'プログラム設計', new Date(2021, 11, 1), new Date(2021, 11,
      31) ],
13    [ '開発', 'プログラム開発', new Date(2021, 12, 1), new Date(2022, 2,
      31) ],
14    [ 'テスト', 'テスト', new Date(2022, 2, 1), new Date(2022, 2, 30) ],
      ];
15
16  function drawChart() {
17    const div = document.querySelector('#chart'); ········ ②
18    const chart = new google.visualization.Timeline(div); ········ ③
19    const dataTable = new google.visualization.arrayToDataTable(data); ⋯
20    chart.draw(dataTable); ········ ⑤
21  }                                                                  ④
22  </script>
23
24  <div id="chart"></div>
```

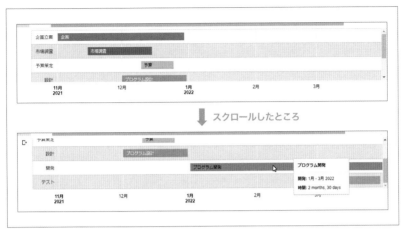

図10-4-1　タイムラインが表示される

　実行すると、サンプルで用意したデータを元にタイムラインが表示されます。表示されるバー部分にマウスポインタを持っていくと名前と開始終了日時がツールチップで表示されます。

　ここでは、以下のような形でデータを用意していますね（■）。

```
[ '企画立案', '企画', new Date(2021, 10, 1), new Date(2021, 11, 30) ],
```

　開始と終了は、new Date(年 , 月 , 日)というようにしてDateオブジェクトを作り使用しています。注意しておきたいのは、月の値です。月は1〜12ではなく、0〜11で指定をします。したがって、new Date(2021, 10, 1)というのは2021年の10月1日ではなく、11月1日になります。

　まずdrawChartで行っている処理は、既に何度もやってきたものですね。querySelector('#chart')でエレメントを取得し（②）、new Timeline(div)でTimelineオブジェクトを作成（③）します。そしてarrayToDataTable(data)で用意した2次元配列をデータに指定してDataTableを作り（④）、draw(dataTable)で描画をします（⑤）。タイムライン特有の処理というのは特にありません。

　実際に使ってみると、いくつか改良したい点が出てくるでしょう。まず、表示の縦幅が狭いため、スクロールして表示をしないといけません。これはすべて表示されるようにしたいですね。またツールチップももう少しフォントを大きくして見やすくしたいところです。左端に表示される項目名なども同様でしょう。

　こうした調整は、チャートの設定情報をオブジェクトにまとめておき、drawの実行時にそれを引数に指定することで行えます。Chapter 9でGeoChartを使った時、チャートの大きさやフォントの設定などをオブジェクトにまとめて設定したのを思い出して下さい。タイムラインも同じGoogle Chartの仲間なので、同様のやり方で表示をカスタマイズできるのです。

　これは、実際に試してみるとよくわかるでしょう。先ほどのサンプルで、drawChart関数を以下のように書き換えて実行して下さい。

リスト10-5-1

```
01  function drawChart() {
02    const div = document.querySelector('#chart');
03    const chart = new google.visualization.Timeline(div);
04    const dataTable = new google.visualization.arrayToDataTable(data);
05    const options = {
06      timeline: {
07        rowLabelStyle: {
08          fontSize: 18, color: '#603913'
09        },
10        barLabelStyle: {
11          fontSize: 14,
12        },
13      },
14      tooltip: {
15        textStyle:{
16          fontSize: 14, color: '#009',
17        },
18      },
19      backgroundColor:'#ffffe0',
20      height:400, width:800,
21    }
22    chart.draw(dataTable, options);
23  }
```

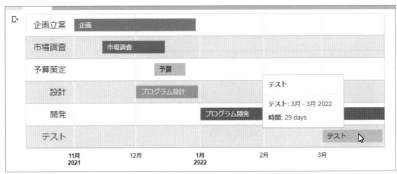

図10-5-1　チャートの表示を調整する

　セルを実行すると、細々とカスタマイズしたタイムラインが表示されます。まず
チャートの縦幅が広がりすべての項目が表示されるようになりました。チャートの
表示で目につくのは、項目名やバーのラベル、ツールチップのフォントサイズが大
きくなった点でしょう。また背景色が薄いイエローに変わったことも気づいたはず
ですね。

💡 タイムラインのオプション設定

　ここでは、optionsという定数に設定情報をまとめ、drawの際にデータと設定
情報のオブジェクトを引数にして実行しています。用意された設定情報は、以下の
ようになっています。

```
const options = {
  timeline: {
    rowLabelStyle: {項目名のフォントスタイル },
    barLabelStyle: { バーラベルのフォントスタイル },
  },
  tooltip: {
    textStyle:{ ツールチップのフォントスタイル },
  },
  backgroundColor: 背景色 ,
  height: 高さ, width: 横幅,
}
```

　tooltip、backgroundColor、height、widthといったものは、GetChart
でも使ったものですね。Timelineの設定は、timelineという項目にまとめられ
ています（1）。ここでは、rowLabelStyleとbarLabelStyleという値を用
意し、これらに項目名とバーラベルのフォントスタイルの設定を記述しています。

このtimelineで用意できる設定には以下のようなものがあります。

barLabelStyle	バーラベルのスタイル（オブジェクトで指定）
colorByRowLabel	同じ行にある全ての項目を同色で表示（真偽値）
groupByRowLabel	同名の項目を1つにまとめる（真偽値）
rowLabelStyle	項目名のスタイル（オブジェクトで指定）
showBarLabels	バーラベルの表示（真偽値）
showRowLabels	項目名の表示（真偽値）
singleColor	単色で表示（真偽値）

　barLabelStyleとrowLabelStyleはオブジェクトとしてフォントスタイルや色の設定をまとめます。その他のものは真偽値で指定します。

06 項目のグループ化

　タイムラインは、すべての項目を別々に表示する他に、いくつかの項目を1つの
グループとしてまとめて表示することもできます。これは、実はメソッドなどを呼
び出す必要もありません。データを作成する際、グループ化したい項目のIDをすべ
て同じにしておけばいいのです。

　例えば、先ほどのサンプルで定数dataの値を以下のように書き換えてみましょ
う。

リスト10-6-1

```
01  const data = [
02    ['プロジェクト', 'ラベル', '開始', '終了'],
03    ['スケジュール', '企画', new Date(2021, 10, 1), new Date(2021, 11, ⊡
      15)],
04    ['スケジュール', 'プログラム設計', new Date(2021, 11, 1), new ⊡
05    Date(2021, 11, 31)],
06    ['スケジュール', 'プログラム開発', new Date(2021, 12, 1), new ⊡
07    Date(2022, 2, 30)],
08    ['スケジュール', 'テスト', new Date(2022, 2, 10), new Date(2022, ⊡
      2, 30)],
09    ['その他', '市場調査', new Date(2021, 10, 1), new Date(2021, 11, ⊡
      10)],
10    ['その他', '予算確定', new Date(2021, 11, 11), new Date(2021, 11, ⊡
      31)],
11    ['その他', '広報活動', new Date(2021, 11, 20), new Date(2022, 2, ⊡
12    31)],
13  ];
```

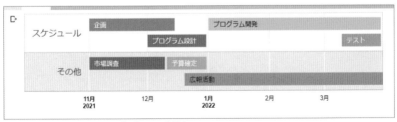

図10-6-1　項目を2つのグループに整理して表示する

　これを実行すると、用意された項目が「スケジュール」「その他」という2つのグ
ループにまとめられて表示されます。データを見ると、各項目の配列の第1引数が
'スケジュール'と'その他'にまとめられていることがわかります。これがIDです。

同じIDを指定してグループ化すると、Timelineはグループの項目の表示を自動調整してなるべく少ないラインにまとめて表示してくれます。どの項目を同じラインに並べるか、といったことを利用者が悩む必要はありません。

　タイムラインは、このようにデータさえきちんと用意できれば、後はほぼ自動で表示を作成してくれます。Google Chartの基本的なコードさえわかればすぐに使えるものですので、ぜひ活用しましょう。

07 ガントチャートを作る

　プロジェクトの管理などでは、タイムラインだけではなく「ガントチャート」も使われます。これも「Google Gantt Chart」として用意されています。

　ガントチャートは工程管理で利用されるチャートで、単にタイムラインを設定するだけでなく、それぞれの工程の因果関係を指定したり、どのぐらい進んでいるか進捗状況を表示させたりすることもできます。またスケジュールも「○月○日〜×月×日」というような指定だけでなく、完了する日付と作業工程にかかる日数を指定することでスケジュールを自動設定されるようにもできます。

　このガントチャートは、以下のような形でパッケージをロードして使います。

【書式】ガントチャートをロードする

```
google.charts.load('current', {packages: ['gantt'], language: 'ja'});
```

　これも language: 'ja' を指定して日本語で使うようにします（ただし、実際に使うとわかりますが、Gantt Chartはこれでも完全には日本語にならず一部英語表記が混じります）。

　チャートの作成と表示は、これまで使ったチャート類と基本的には同じです。arrayToDataTableでDataTableオブジェクトを用意し、チャートのオブジェクト（今回はGanttオブジェクト）を作成してdrawする、という手順になります。

　問題は、データをどう用意するかですね。これは、今回はかなり多数の項目が必要になります。2次元配列のデータを用意してarrayToDataTableでDataTableを作成しますが、データとして用意する配列には以下の7項目を用意することになります。

【書式】ガントチャートで表示するデータ

```
['タスクID','タスク名','開始日時','終了日時','期間','進捗','依存']
```

　これらは、常にすべての値を用意するわけではありません。状況によっては値が不要な場合もあります。ただし、そうした場合も項目をなくすのではなく、null を値に指定するなどして7項目はすべて用意しておきます。

Chapter 10

開始・終了日のみ指定する

　では、もっともシンプルなタスクの管理から行ってみましょう。もっとも単純なやり方は、各工程の開始日と終了日を指定して表示するものです。このような形で指定する場合は、以下のような形で値を用意すればいいでしょう。

```
[ ID, タスク名,《Date》,《Date》, 0, 数値, null]
```

　タスクIDとタスク名はそれぞれテキストで用意します。そして開始日と終了日をDateオブジェクトで用意します。その後の期間を示す値は、開始日と終了日を直接指定した場合は用いられないのでゼロを指定しておけばいいでしょう。また進捗は進み具合を0〜100間のパーセンテージを示す値として指定します。最後の依存タスクの指定はnullにしておきます。

　では、実際に簡単なガントチャートを作成し表示してみましょう。以下のようにコードを記述して下さい。

リスト10-7-1

```
01  %%html
02  <script type="text/javascript" src="https://www.gstatic.com/charts/ ↵
    loader.js"></script>
03  <script type="text/javascript">
04  google.charts.load('current', {packages: ['gantt'], language: 'ja'});
05  google.charts.setOnLoadCallback(drawChart);
06
07  const ob = [
08    ['タスクID','タスク名','開始日時','終了日時','間隔','進捗','依存'],
09    ['base', '基本設計', new Date(2022, 0, 15), ↵
         new Date(2022, 0, 25), 0, 100, null],  ········· 1
10    ['MVC', 'MVC設計', new Date(2022, 0, 22), ↵
         new Date(2022, 1, 1), 0, 90, null],
11    ['Logic', 'ビジネスロジック設計', new Date(2022, 0, 29), ↵
         new Date(2022, 1, 10), 0, 25, null],
12    ['Table', 'データベース設計', new Date(2022, 1, 1), ↵
         new Date(2022, 1, 6), 0, 20, null],
13    ['View', 'フロントエンド設計', new Date(2022, 1, 6), ↵
         new Date(2022, 1, 22), 0, 0, null],
14  ]
15
16  function drawChart() {
17    const data = new google.visualization.arrayToDataTable(ob);  ········· 2
18    const options = {          ··········
19      height: 300, width:800,  ········ 3
20    };  ·······························
```

```
21
22    const div = document.querySelector('#chart'); ···········
23    const chart = new google.visualization.Gantt(div); ······· 4
24    chart.draw(data, options); ·······························
25  }
26  </script>
27  <div id="chart"></div>
```

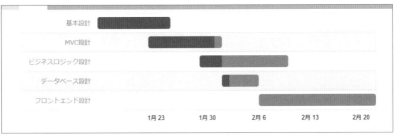

図10-7-1　工程を表すガントチャート。進捗具合はバーの色で表す

　実行すると、5つのタスクが表示されます。スケジュール期間はバーで表され、薄い青はまだ手つかずであることを示し、濃い青は既に完了している部分を表します。ひと目見て、それぞれのタスクがどの程度進んでいるかがわかります。

　ここで用意されているデータがどうなっているか見てみましょう（■）。

```
['base', '基本設計', new Date(2022, 0, 15), new Date(2022, 0, 25), 0,  100,
null],
```

　開始日と終了日をnew Dateで作成しています。その後の期間を示す値はゼロ、進捗具合は0〜100の整数が使われていますね。最後の依存タスクはnullになっています。

　後 は、Google Chart の 基 本 コ ー ド を 実 行 し て い る だ け で す。ま ず、arrayToDataTableでDataTableオブジェクトを作ります（■）。

```
const data = new google.visualization.arrayToDataTable(ob);
```

　設定情報のオブジェクトを用意します。ここではheightとwidthで縦横幅だけを指定しておきます（■）。

```
const options = {
  height: 300, width:800,
};
```

　querySelectorでid="chart"のエレメントを取得し、new Gantt(div)でGanttオブジェクトを作成してdraw(data, options)で描画します（４）。

```
const div = document.querySelector('#chart');
const chart = new google.visualization.Gantt(div);
chart.draw(data, options);
```

　これですべての処理は完了です。Google Chartのチャート利用にもだいぶ慣れてきたことでしょう。手順はどのチャートも同じですから、データの作成さえきちんと行えば、どんなチャートも問題なく表示されます。ガントチャートは項目が多く、またテキストの値と数値の値が組み合わせられているので、間違えないように記述して下さい。

08 依存タスクを指定する

　単純に開始と終了の日にちを指定してチャートを表示するだけなら、タイムラインとあまり違いがありません。Google Gantt Chartの魅力は「タスクの期間と依存関係を元にスケジュールを自動調整する」ところにあります。

　Ganttで使うデータでは、開始日と終了日の後に、期間を示す数値の項目があります。これは、「このタスクにどれだけの時間を割り当てるか」を示すもので、ミリ秒換算した値を指定します。

　この期間を指定した場合、開始日と終了日のどちらかは省略できます。例えば開始日を省略した場合は、指定した終了日に終わるように、期間を元にタスクの開始日が自動的に設定されます。

　また、最後の項目である依存タスクの設定をした場合は、開始日と終了日の両方を省略することもできます。依存タスクが完了してからそのタスクがスタートするように調整してくれるのです。

　この依存タスクは、依存するタスクのIDをテキストで指定します。複数のタスクに依存する場合は、カンマで区切って1つのテキストにまとめたものを指定します。

依存タスクを使って工程を作る

　では、実際に依存タスクを利用したガントチャートを使ってみましょう。先ほどのサンプルで、定数 ob の部分を以下のように書き換えて下さい（ob の手前にある getTimeNumber という関数も記述して下さい）。

リスト10-8-1

```
01  function getTimeNumber(days) {
02    return days * 24 * 60 * 60 * 1000;
03  }
04
05  const ob = [
06    ['タスクID','タスク名','開始日時','終了日時','間隔','進捗','依存'],
07    ['基本', '基本設計', new Date(2022, 0, 15), ⏎
          new Date(2022, 0, 25), null,  100,  null],
08    ['ロジック', 'ビジネスロジック設計', null, ⏎
          new Date(2022, 1, 10), getTimeNumber(12), 25, '基本,MVC'],
09    ['テーブル', 'データベース設計', null, ⏎
          null, getTimeNumber(5), 20, '基本,MVC'],  ………… 1
10    ['ビュー', 'フロントエンド設計', null, ⏎
          new Date(2022, 1, 20), getTimeNumber(14), 0, 'MVC,ロジック'],
```

```
11      ['MVC', 'MVC設計', null, ⏎
          new Date(2022, 1, 1), getTimeNumber(10), 100, '基本']
12  ]
```

図10-8-1　依存関係が矢印で表される

　実行すると、タスクのバーどうしで矢印がつなげられ表示されます。この矢印が、依存関係を示します。どのタスクが完了してから次のタスクに進むのか、矢印を見ればわかります。

　今回作成したデータを見ると、開始日・終了日を指定しているのは最初の基本設計だけで、それ以外のものは開始日あるいは両方の日付が省略されていることがわかります。例えば、データベース設計のタスクを見てみましょう（**1**）。

```
['テーブル', 'データベース設計', null, null, getTimeNumber(5), 20, '基本,MVC']
```

　getTimeNumberという関数は、引数で指定した日数のミリ秒換算した値を返します。ここでは開始日も終了日もnullになっており、期間として5日分のミリ秒数が設定されています。

　これだけならこのタスクをいつにスケジュールすればいいかわかりませんが、最後の依存タスクに'基本,MVC'と値が設定されていますね。これにより、'基本'タスクと'MVC'タスクが終了した後にこのタスクがスケジュールされるようになります。表示を見て、この3つのタスクの開始日と終了日の関係を確認しましょう。

クリティカルパスについて

　ガントチャートの表示の中で知っておきたいのが「クリティカルパス」です。チャートをよく見ると、赤い線で表示されているパスがクリティカルパスです。
　クリティカルパスとは、遅延するとプロジェクト全体の遅延に直結するタスクのパス（つながり）を示すものです。このパス上のタスクが遅延すると、プロジェクト全体の完了が遅延します。

09 ガントチャートの設定

　ガントチャートでは、左端のタスク名の表示、タスクのバー、依存関係の矢印など多くの要素が組み合わせられています。これらの表示に関する設定も一通り揃っています。これらは、「gantt」という項目として設定情報のオブジェクトに用意します。このganttには、ガントチャートに関する設定をまとめたオブジェクトをしています。

　では、どのような設定項目があるのか、主なものを以下にまとめましょう。

ganttの設定項目

```
gantt: {
  arrow: { 矢印のスタイル },
  barCornerRadius:角の丸み(数値),
  barHeight: バーの高さ(数値),
  criticalPathEnabled: クリティカルパスの表示(真偽値),
  criticalPathStyle: { クリティカルパスのスタイル },
  percentEnabled: 進捗の表示(真偽値),
  percentStyle: { 進捗のスタイル },
  shadowEnabled: 影の表示(真偽値),
  shadowColor: 影の色,
  shadowOffset: 影のオフセット,
  labelStyle: { ラベルのスタイル },
  labelMaxWidth: ラベルの横幅(数値),
}
```

　多くは真偽値やスタイルの値をまとめたオブジェクトが指定されます。この中で注意すべきはarrowでしょう。これは依存関係を示す矢印線の設定で、以下のような項目が用意されています。

arrowの設定項目

```
arrow: {
  angle: 矢印の角度,
  color: 色,
  width:線の太さ,
  radius: 角の丸みの半径,
  length:矢印の長さ
},
```

　非常に細かく表示を調整できることがわかりますね。この他、クリティカルパスや進捗表示、ラベルなどはスタイルの設定を行う項目も用意されており、これらは

スタイルの設定項目をオブジェクトにまとめたものを以下のように用意します。

```
criticalPathStyle: {
  stroke: 線の色値 ,
  strokeWidth: 線の太さ ,
},

percentStyle: {
  fill: 塗りつぶしの色値 ,
},

labelStyle: {
  fontName: フォント名 ,
  fontSize: フォントサイズ ,
  color: 色値
},
```

　これらは、もちろんすべて用意する必要はありません。設定したい項目だけを用
意すれば、表示をカスタマイズできます。非常に項目が多いので、一度にすべて覚
えようと考えず、もっともよく使いそうなものに絞って使っていくようにしましょ
う。

チャートの表示をカスタマイズ

　では、チャートの表示をカスタマイズしてみましょう。リスト10-8-1のdrawChart
関数を以下のように書き換えて下さい。

リスト10-9-1

```
01  function drawChart() {
02    const data = new google.visualization.arrayToDataTable(ob);
03
04    const options = {
05      gantt: {
06        arrow: {
07          angle: 45,
08          color: '#0c0',
09          width:5,
10          radius: 5,
11          length:15
12        },
13        barCornerRadius:20,
14        barHeight: 40,
15        criticalPathEnabled: true,
16        criticalPathStyle: {
17          stroke: '#faa',
```

```
18          strokeWidth: 5,
19        },
20        shadowEnabled: true,
21        shadowOffset: 10,
22        sortTasks: true,
23      },
24      height: 350, width:800,
25    };
26
27    const div = document.querySelector('#chart');
28    const chart = new google.visualization.Gantt(div);
29    chart.draw(data, options);
30  }
```

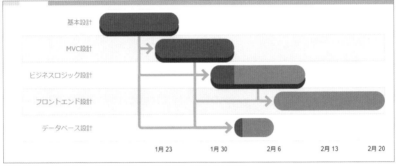

図10-9-1　バーの太さ、パスの表示スタイルなどをカスタマイズする

　これを実行すると、各タスクのスケジュールを示すバーの太さが太くなり、また
タスク間のつながりを示す矢印線の表示も変更されます。ここでは、options定
数の中にganttという項目を用意し、その中に設定をまとめたオブジェクトを記述
しています。
　設定項目によっては、値が幾重にも階層的に組み込まれているため、わかりにく
いかもしれません。それぞれの項目が何を設定するものか確認しながら、表示され
るガントチャートをよく見てみましょう。バーとパスが変わると、それだけでガン
トチャートの雰囲気はガラリと変わるのがわかります。

10 Google Chartの基本はすべて同じ！

　以上、Google Chartの中から実務に役立つものをピックアップして紹介しました。Google Chartは、多数のチャートを持つ巨大なライブラリですが、ここまでの説明でわかったように使い方はどれもほぼ一緒です。基本的な使い方が分かれば、どのチャートもすぐに使えるようになります。

　チャートごとに理解しなければならない点としては、まず「データの構造」です。用意するデータの形は、チャートによって決まっています。「このチャートはどういうデータを用意すればいいのか」をよく理解すれば、新しいチャートでもすぐに利用できるようになります。

　また、「設定項目」も重要です。チャートをデフォルトのまま使うだけなら設定などは必要ありませんが、表示をカスタマイズしたいと思ったなら、設定をオブジェクトにまとめてdrawする必要があります。どのような設定があってどんな値を指定するのか、よく調べて使いましょう。多くの場合、設定は単純なものではなく、階層的な構造になっています。特にスタイル関係は複雑になりがちなので記述には十分注意しましょう。

　とりあえず、ここで使った「組織図」「タイムライン」「ガントチャート」が使えるようになれば、それだけで随分と業務に役立ちます。また前章で説明した「マップチャート」もGoogle Chartの一部です。これらを実際に活用できるようになれば、その他のGoogle Chartのチャートも使えるようになるでしょう。

INDEX

【一般】

記号・数字

＋コード ·· 008, 011
＋テキスト ·· 008
2次元配列 ·· 073

A〜E

APIキー ·· 234
CDN ··· 072
Chart.js ·· 108
Chrome ··· 006
Colaboratory ······································ 004
CSV ···························· 082, 141, 255, 260
documentオブジェクト（HTML）··········· 060
Documentオブジェクト（docx）············ 149
docx（拡張子）····································· 186
docx（ライブラリ）······························ 148
Docxtemplater ···································· 180
DOM ··· 060
ECMAScript ·· 044
Eventオブジェクト ································ 087

F〜I

FileReader ·································· 087, 257
FileSaver ·································· 155, 183
Geocording API ··································· 228
Google Chart ······································ 264
Google GanttChart ······························ 281
Google GeoChart ··························· 228, 240
Google Maps JavaScript API ················· 228
Googleスプレッドシート ·············· 002, 082
Googleマップ ······································ 002

HTMLElement ······································ 062
id属性 ·· 062

J〜Z

JavaScript ·· 002
JavaScriptエンジン ······························ 002
Jspreadsheet ······································ 072
leaflet ·· 210
Markdown ··································· 006, 014
Microsoft Word ···································· 148
mimeType ·· 186
Node.js ··· 002
Office Open XML ·································· 204
OpenStreetMap ··································· 210
Python ·· 005
Zipオブジェクト ··································· 184

あ行

アロー関数 ··································· 051, 101
依存タスク ··· 285
イベント ·· 065
色名 ··· 109
インクリメント演算子 ···························· 038
インデックス番号 ···························· 043, 100
エレメント ·· 062
円グラフ ·· 136
オブジェクト ······································· 056
オブジェクトリテラル ···························· 056
折れ線グラフ ······································· 133

か行

改行コード ··· 258
関数 ··· 046, 200
ガントチャート ······························ 264, 281
カンマ区切り形式 ·································· 084
繰り返し ······································ 036, 039
クリティカルパス ·································· 286

グループ化 ……………………… 279
コメント（Colaboratory） …… 010
コメント（JavaScript） ……… 033
コメントを追加 ………………… 010
コントロール …………………… 065

さ行

サイドバー ……………………… 009
差し込み出力 …………………… 180
三項演算子 ………………… 125, 259
条件 ………………………… 031, 039
条件分岐 ………………………… 031
初期化処理 ……………………… 039
真偽値 ……………………… 027, 031
シングルクォート ……………… 027
数式 ……………………………… 094
数値 ……………………………… 026
数値計算 ………………………… 027
スクリプト ……………………… 002
スプレッドシート ……………… 076
制御構文 ………………………… 031
接続 ……………………………… 009
セミコロン ……………………… 029
セル ……………………………… 005
セルにリンク …………………… 010
セルの削除 ……………………… 010
セルを上に移動 ………………… 010
セルを下に移動 ………………… 010
セルを実行 ……………………… 011
組織図 ……………………… 264, 267
その他のセル操作 ……………… 010

た行

タイトル …………………… 016, 127
代入 ……………………………… 028
代入演算子 ……………………… 037
タイムライン …………………… 273
ダブルクォート ………………… 027

ツールチップ …………………… 251
定数 ……………………………… 029
テーブル …………………… 019, 076
テキスト ………………………… 027
テキストエディタ ……………… 004
テンプレート …………………… 182

な行

入力フィールド ………………… 066
認証情報 ………………………… 234
ノートブック …………………… 008

は行

配列 ……………………………… 041
白地図 …………………………… 243
バッククォート記号 …………… 017
番号ライブラリ ………………… 191
凡例 ………………………… 115, 252
比較演算 ………………………… 032
引数 ……………………………… 046
非同期処理 ……………………… 158
ビューの設定 …………………… 216
表 ………………………………… 076
ファイル名 ……………………… 008
フィルター ……………………… 103
フッター ………………………… 172
プレースホルダ ………………… 182
プレビュー ……………………… 015
プロジェクトの終了 …………… 261
プロパティ ………………… 056, 156
ヘッダー ………………………… 172
編集 ……………………………… 009
変数 ……………………………… 028
棒グラフ ………………………… 114
ボタン …………………………… 066

ま行

無名関数 …………………………………… 051
メソッド …………………………………… 056
メニューバー ……………………………… 008
戻り値 ……………………………………… 049

や行

要素 ………………………………………… 042
予約語 ……………………………………… 040

ら行

ラベル ……………………………………… 139
ランタイム ………………………………… 010
ログイン …………………………………… 007

【コード】

記号

` …………………………………………… 027
- ……………………………………… 018, 019
- …………………………………………… 027
- - ………………………………………… 038
- - - ……………………………………… 019
*= …………………………………………… 038
/= …………………………………………… 038
!= …………………………………………… 032
"""" ……………………………………… 027
$ …………………………………………… 019
% …………………………………………… 027
%%html …………………………………… 013
%%Javascript …………………………… 012
%%js ……………………………………… 012, 024
%= …………………………………………… 038
* …………………………………………… 027
/ …………………………………………… 027
// …………………………………………… 033

; …………………………………………… 029
[] …………………………………………… 041
` ………………………………………… 017, 027
{} …………………………………………… 033
| …………………………………………… 019
+ …………………………………………… 018
+ …………………………………………… 027
++ ………………………………………… 038
+= ………………………………………… 038
< …………………………………………… 032
<!DOCTYPE html> ……………………… 023
<= ………………………………………… 032
<body> …………………………………… 024
<button> ………………………………… 065
<canvas> ………………………………… 110
<head> …………………………………… 024
<html> …………………………………… 024
<input> ………………………………… 065
<link> …………………………………… 072
<script> ………………………………… 022
= …………………………………………… 028
-= ………………………………………… 038
== ………………………………………… 032
> …………………………………………… 017
> …………………………………………… 032
>= ………………………………………… 032

A〜B

ABS ………………………………………… 096
addListener …………………………… 269
addSection …………………………… 152, 175
addTo ……………………………………… 218
arrayToDataTable (Google
GeoChart) …………………………… 241
arrayToDataTable
(Google Chart) ……………………… 265
arrow ……………………………………… 287
autocomplete …………………………… 090
AVERAGE …………………………………… 096

293

backgroundColor (Chart.js) ⋯⋯ 118
backgroundColor (Google
GeoChart) ⋯⋯⋯⋯⋯⋯ 247
backgroundColor (Google Chart) ⋯277
bar ⋯⋯⋯⋯⋯⋯⋯⋯⋯ 132
bindPopup ⋯⋯⋯⋯⋯⋯ 220
Blob ⋯⋯⋯⋯⋯⋯⋯ 158, 186
borderColor ⋯⋯⋯⋯⋯⋯ 118
borderWidth ⋯⋯⋯⋯⋯⋯ 118
break ⋯⋯⋯⋯⋯⋯⋯⋯ 034
bubble ⋯⋯⋯⋯⋯⋯⋯⋯ 132

C〜D

calendar ⋯⋯⋯⋯⋯⋯⋯ 090
case ⋯⋯⋯⋯⋯⋯⋯⋯⋯ 034
children ⋯⋯⋯⋯⋯⋯⋯ 152
closePopup ⋯⋯⋯⋯⋯⋯ 220
collapse ⋯⋯⋯⋯⋯⋯⋯ 270
colorAxis ⋯⋯⋯⋯⋯⋯⋯ 247
const ⋯⋯⋯⋯⋯⋯⋯⋯ 029
datalessRegionColor ⋯⋯⋯⋯ 252
datasets ⋯⋯⋯⋯⋯ 111, 116
DataTable ⋯⋯⋯⋯⋯⋯⋯ 265
default ⋯⋯⋯⋯⋯⋯⋯ 034
do ⋯⋯⋯⋯⋯⋯⋯⋯⋯ 036
docxtemplater ⋯⋯⋯⋯⋯ 184
doughnut ⋯⋯⋯⋯⋯ 132, 136
download ⋯⋯⋯⋯⋯⋯⋯ 080
draw ⋯⋯⋯⋯⋯⋯⋯ 242, 266
dropdown ⋯⋯⋯⋯⋯⋯⋯ 090
elements ⋯⋯⋯⋯⋯ 134, 138
else ⋯⋯⋯⋯⋯⋯⋯⋯⋯ 031

F〜G

FACT ⋯⋯⋯⋯⋯⋯⋯⋯⋯ 096
false ⋯⋯⋯⋯⋯⋯⋯⋯ 027
filters ⋯⋯⋯⋯⋯⋯⋯ 103
FLOOR ⋯⋯⋯⋯⋯⋯⋯⋯ 096

footers ⋯⋯⋯⋯⋯⋯⋯⋯ 172
for ⋯⋯⋯⋯⋯⋯⋯⋯⋯ 039
for-in ⋯⋯⋯⋯⋯⋯⋯⋯ 043
for-of ⋯⋯⋯⋯⋯⋯⋯⋯ 043
function ⋯⋯⋯⋯⋯⋯⋯ 046
gantt ⋯⋯⋯⋯⋯⋯⋯⋯ 287
GeoChart ⋯⋯⋯⋯⋯⋯⋯ 242
getCollapsedNodes ⋯⋯⋯⋯ 270
getColumnData ⋯⋯⋯⋯⋯ 100
getData ⋯⋯⋯⋯⋯⋯⋯ 100
getElementById ⋯⋯⋯⋯⋯ 062
getRowData ⋯⋯⋯⋯⋯⋯ 100
getSelection ⋯⋯⋯⋯⋯⋯ 269
getValue ⋯⋯⋯⋯⋯⋯⋯ 097

H〜I

headers ⋯⋯⋯⋯⋯⋯⋯⋯ 172
hidden ⋯⋯⋯⋯⋯⋯⋯⋯ 090
if ⋯⋯⋯⋯⋯⋯⋯⋯ 031, 032
ImageRun ⋯⋯⋯⋯⋯⋯⋯ 168
innerHTML ⋯⋯⋯⋯⋯⋯⋯ 063
INT ⋯⋯⋯⋯⋯⋯⋯⋯⋯ 096
isPopupOpen ⋯⋯⋯⋯⋯⋯ 220

L〜M

latLng ⋯⋯⋯⋯⋯⋯⋯⋯ 213
legend (Chart.js) ⋯⋯⋯⋯⋯ 128
legend (Google GeoChart) ⋯⋯⋯ 252
length ⋯⋯⋯⋯⋯⋯⋯⋯ 042
let ⋯⋯⋯⋯⋯⋯⋯⋯⋯ 028
line ⋯⋯⋯⋯⋯⋯⋯ 132, 135
load ⋯⋯⋯⋯⋯ 240, 265, 281
map ⋯⋯⋯⋯⋯⋯⋯⋯⋯ 212
mapsApiKey ⋯⋯⋯⋯⋯⋯ 240
marker ⋯⋯⋯⋯⋯⋯⋯⋯ 218
Math.floor ⋯⋯⋯⋯⋯⋯⋯ 099
Math.random ⋯⋯⋯⋯⋯⋯ 099
MAX ⋯⋯⋯⋯⋯⋯⋯⋯⋯ 096

maxValue 248
MIN 096
minValue 248

N～O

null 167, 283
NumberFormat 140
numeric 090
on 223
onchange 068, 166
onclick 067
openPopup 220
options (Chart.js) 127, 138
options (Google Chart) 276
OrgChart 267

P～Q

packages 240
Paragraph 152, 160
pie 132, 136
PizZip 184, 189
plugins 127
point 135
properties 152
querySelector 025, 062

R～S

radio 090
register 139
render 189
resolution 247
return 049
ROUND 096
saveAs 186
setColumnData 100
setData (Jspreadsheet) 100
setData (docx) 189

setOnLoadCallback 241, 265
setRowData 100
setSelection 272
setValue 097
setView 213
split 088
SQRT 096
STDEV.P 096
STDEV.S 096
style 110
SUM 095
switch 034

T～U

text 090
textContent 063, 067
TextRun 163
this 059
tileLayer 214
timeline 277
toBlob 158
togglePopup 220
tooltip 251, 277
true 027
type 111

unbindPopup 220
update 121

V～W

var 028
VAR.P 096
VAR.S 096
while 036

著者プロフィール

掌田 津耶乃（しょうだ つやの）

日本初のMac専門月刊誌『Mac+』の頃から主にMac系雑誌に寄稿する。ハイパーカードの登場により「ビギナーのためのプログラミング」に開眼。以後、Mac、Windows、Web、Android、iOSとあらゆるプラットフォームのプログラミングビギナーに向けた書籍を執筆し続ける。

- 近著：「ノーコード開発ツール超入門」「見てわかる Unity Visual Scripting超入門」「TypeScript ハンズオン」「Kotlin ハンズオン」（秀和システム）、「Power Automate ではじめる ノーコードiPaaS開発入門」「Office Script による Excel on the web開発入門」「Google Appsheetではじめるノーコード開発入門」（ラトルズ）など。
- 著書一覧：https://www.amazon.co.jp/-/e/B004L5AED8/
- ご意見・ご感想：syoda@tuyano.com

STAFF

ブックデザイン	三宮 暁子（Highcolor）
DTP	島﨑 肇則
編集	伊佐 知子

Colaboratory でやさしく学ぶ
コラボラトリー まな
JavaScript入門
ジャバスクリプト にゅうもん

2022年 2月28日　初版第1刷発行

著者	掌田 津耶乃
発行者	滝口 直樹
発行所	株式会社マイナビ出版
	〒101-0003　東京都千代田区一ツ橋2-6-3 一ツ橋ビル 2F
	TEL：0480-38-6872（注文専用ダイヤル）
	TEL：03-3556-2731（販売）
	TEL：03-3556-2736（編集）
	E-Mail：pc-books@mynavi.jp
	URL：https://book.mynavi.jp
印刷・製本	シナノ印刷株式会社